HTML5+CSS3 网页设计
任务教程

陈 玲　程 实　主　编

黄 达　彭 英　副主编

清華大學出版社

北 京

内 容 简 介

本书是一本详尽探讨 HTML5 和 CSS3 网页设计技术的指导用书，以主流网站内容为蓝本，紧密结合当前 Web 开发领域的新技术、新理念和新方法，采用工单任务驱动的方式组织内容。全书内容涵盖 HTML5 基本概念、语法、常用标签使用方法、CSS3 技术、网页布局、实际应用技巧等。此外，本书还配备了丰富的实操案例，以帮助读者巩固所学知识，提升实际操作能力。

本书结构清晰，案例典型，实用性强，无论是初学者还是具有一定网页设计经验的读者，都可以从中获得宝贵的知识和技能。本书不仅适合作为高等院校计算机及相关专业的教材，也适合作为自学者的参考用书。

图书在版编目（CIP）数据

HTML5+CSS3 网页设计任务教程 / 陈玲，程实主编.

北京：清华大学出版社，2025.1. -- ISBN 978-7-302-67869-4

Ⅰ. TP312.8；TP393.092.2

中国国家版本馆 CIP 数据核字第 2024H8T285 号

责任编辑：刘金喜
封面设计：高娟妮
版式设计：恒复文化
责任校对：马遥遥
责任印制：宋　林

出版发行：清华大学出版社

网　　　址：https://www.tup.com.cn，https://www.wqxuetang.com

地　　　址：北京清华大学学研大厦 A 座　　　邮　　编：100084

社 总 机：010-83470000　　　　　　　　　邮　　购：010-62786544

投稿与读者服务：010-62776969, c-service@tup.tsinghua.edu.cn

质 量 反 馈：010-62772015, zhiliang@tup.tsinghua.edu.cn

印 装 者：小森印刷霸州有限公司

经　　销：全国新华书店

开　　本：185mm×260mm　　　印　　张：18.75　　　字　　数：445 千字

版　　次：2025 年 1 月第 1 版　　　印　　次：2025 年 1 月第 1 次印刷

定　　价：68.00 元

产品编号：105436-01

前　言

党的二十大报告明确指出，"教育、科技、人才是全面建设社会主义现代化国家的基础性、战略性支撑"。在此基础上，报告对全面建设高质量教育体系、办好人民满意的教育进行了全面的战略部署，并首次强调"加强教材建设和管理"的重要性。这一重要论述为本书的编写提供了明确的指导方向。本书把"坚持社会主义核心价值观，以学生为中心"作为指导思想，注重培养学生的实践能力、创新精神和综合素质，以满足新时代对人才培养的需求。同时，帮助学生树立正确的世界观、人生观和价值观也是我们编写本书的重要使命。

随着互联网行业的迅猛发展，社会对网页设计人才的需求日益增长。在信息化时代，网络作为人们获取信息的重要途径，其网页的设计质量对于信息传递的效果至关重要。优秀的网页设计能将信息更加直观、生动地呈现给用户，提升用户体验。

【本书内容】

本书是一本详尽探讨 HTML5 和 CSS3 网页设计技术的指导用书，以主流网站内容为蓝本，紧密结合当前 Web 开发领域的新技术、新理念和新方法，采用工单任务驱动的方式组织内容。通过精心设计的工单任务，读者将了解行业内的设计规范与要求，培养良好的 Web 前端开发职业素养。通过实际操作，读者能迅速掌握 HTML5 和 CSS3 的实际应用技巧，并在实践中学习解决浏览器兼容性问题，深入理解网页设计原则以及网站优化的相关知识，为在网页设计领域的职业发展打下坚实的基础。

全书共有 8 个任务：

- 任务一～任务三以开发和搭建博客网页为任务目标，内容包括 HTML5 的基本概念、网页结构、HTML5 标签基本语法及书写规范、常用文本类、图片类、列表类、容器类、表格类和表单类标签的特点与使用技巧。
- 任务四～任务五以美化博客网页为任务目标，内容包括 CSS 样式的引入、CSS 语法及样式规则、CSS 各类选择器、CSS 特性、文本样式、边框样式、背景样式和列表样式。
- 任务六～任务八以网站网页布局为任务目标，内容包括标准文档流、盒子模型原理、盒子浮动、盒子定位、DIV+CSS 常用布局、列表布局、表格布局、浮动布局、流动布局、弹性布局及应用、多列布局、媒体查询及应用。

【本书特色】

1. 具有鲜明的职教特色

本书的编写遵循职教特点，教中学、学中做、做中学，注重实践性，提供大量的实用案例，帮助学生将理论知识应用到实际项目中。通过实践，学生可以更好地理解和掌握HTML5网页设计的原理和技能，培养实际操作能力。

2. 引入思政元素与行业标准

在课程工单任务设计中，深入对接企业需求和行业标准，确保学生能够充分掌握行业新技术、新标准、新规范和实践经验。通过与行业专家、企业技术骨干的紧密合作，使得本书不仅强调职业道德和素养，还融入了丰富的行业案例、行业标准和最佳实践。这些内容将帮助读者更好地了解行业需求，为未来的就业或创业做好准备。

3. 新形态设计

本书采用了模块化设计，每个模块的内容通过任务及子任务工单进行组织，便于根据技术的迭代和发展，方便及时地更新部分内容，保持书中内容的时效性和准确性。书中通过二维码嵌入了视频、高清图、代码演示、文档、思维导图等多媒体内容，让读者可以更直观地理解和掌握HTML5网页设计的概念和技术。同时，书中还添加了任务讨论、学习笔记、思维导图等，帮助读者巩固知识，提升学习效果。

4. 校企合作，双元开发

本书立足于培养具备应用、复合与创新能力的IT行业高素质技能型人才，以学生为中心，深化教育与产业的融合。本书由岳阳职业技术学院的专业骨干教师与湖南厚溥数字科技有限公司的行业专家共同策划与编撰。

【适用对象】

本书适合作为高等院校计算机相关专业的教材，也可作为广大网页设计与制作、网站建设、Web前端开发爱好者的参考用书。

【配套资源】

本书配有微课视频、课件PPT、源代码、教学进度表、案例素材、思维导图、拓展阅读等丰富的数字化学习资源(可通过扫描下方二维码获取)。与本书配套的数字课程"HTML5+CSS3网页设计"在"智慧职教"(www.icve.com.cn)平台上线，读者可登录平台搜索课程或扫描下方二维码进行在线学习，授课教师可调用本课程构建符合自身教学特色的SPOC课程。本书同时配有MOOC课程，读者可以访问"智慧职教MOOC学院"(https://mooc.icve.com.cn/cms/)进行在线开放课程的学习。

教学资源　　　　　　　数字课程　　　　　　MOOC 课程

【感谢】

本书由陈玲、程实任主编，黄达、彭英任副主编。在本书编写过程中，我们引用了一些主流网站(见书后引用网站相关信息)的精彩效果图作为素材和案例，这些案例不仅展现了行业前沿的设计理念、方法和技巧，更是网页设计领域发展的见证。在此，衷心感谢这些网站的所有者。

此外，衷心感谢每一位参与编写、审阅、校对的老师，感谢你们的辛勤付出，为本书的顺利出版贡献了不可或缺的力量。同时，也要感谢校企合作的企业方——湖南厚溥数字科技有限公司，你们的实践经验和行业洞察力为本书注入了生命力，使得这本书更加贴近实际，更具指导意义。再次对你们的支持与合作表示最诚挚的感谢！愿我们共同努力，为教育事业的发展再创辉煌！

由于编者水平有限，书中疏漏之处在所难免，恳请读者批评指正。

编　者
2024 年 8 月

目　录

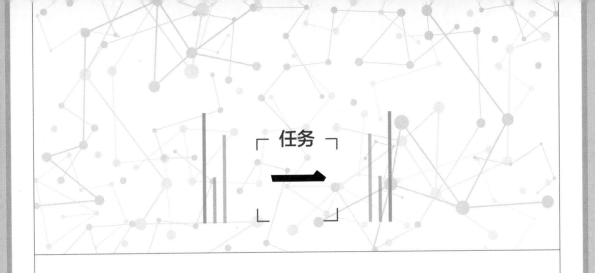

设计博客文章内容页

📖 任务需求说明

公司需要为客户设计个人博客文章内容页，为用户提供博客导航、文章内容展示、博文分享等功能。根据 UI 设计师设计的页面原型图，需要利用 HTML5 和 CSS3 来制作博客文章内容页的静态页面，页面主要由导航、文章标题、文章信息、博文分享、文章内容、转载说明等版块组成。

📖 课程工单

博客文章内容页的 UI 设计图如图 1.1 所示。(请扫描右侧二维码查看高清图片)

图 1.1　博客内容页设计图

客户要求	(1) 设计的网页能适配目前大部分客户端电脑屏幕尺寸，工程代码组织合理、结构清晰。
	(2) 博客文章内容页主要以文字和图片为主，要求题文符合；文字、图片排版合理；标题元素醒目；文字内容的行间距和段间距适宜，以便用户更容易扫读文字。
	(3) 页面字体设计遵循网页设计基本规范，文字大小统一，保证网站整体的协调性。

设计标准	(1) 代码规范：遵循代码缩进规范、HTML 大小写规范、注释规范、命名规范，标签使用符合标签嵌套规则等。
	(2) 字体设计：普通内容的文字均采用宋体，标题文字采用微软雅黑；字体大小设计均为偶数：普通内容的中文文字大小统一设计为 16px，英文文字可适当偏小一些。
	(3) 标题设计：根据分级不同，字体大小设为 16px、20px、24px。
	(4) 间距设计：多行文本之间设置合理的行间距、段落间距。
	(5) 图片设计：图片应提供 alt 属性以增加可访问性和 SEO(搜索引擎优化)效果。

	任务内容	计划课时
工单任务分解	工单任务 1-1：设计网页的页面结构	2 课时
	工单任务 1-2：设计网页中的文字元素	2 课时
	工单任务 1-3：设计网页中的图片	2 课时
	工单任务 1-4：设计网页中的超链接	2 课时
	拓展训练 1：为文章内容页自定义文字效果	课后
	拓展训练 2：制作文章内容页	课后

📖 工单任务分解

任务 1-1：设计网页的页面结构

【能力目标】
① 能搭建好网页设计的开发环境；
② 能阐述清楚基本的 HTML 网页结构；
③ 能编写简单的 HTML5 网页结构代码；
④ 能熟练使用主流的网页设计开发工具。

【知识目标】
① 了解 HTML 的基本概念；
② 了解 Web 标准及网页开发的流程；
③ 了解 HTML5 网页结构标签；
④ 掌握 HTML5 标签基本语法及书写规范。
工作训练 1：安装开发工具
工作训练 2：编写博客文章内容页的基本框架代码

任务 1-2：设计网页中的文字元素

【能力目标】
① 能根据网页原型图合理选择文本标签，组织文字内容；
② 能正确使用标题标签、段落标签、换行标签等文本标签。

【知识目标】
① 掌握标题标签、段落标签的使用方法；
② 识别并理解各个文本标签的常用属性。
工作训练 3：设计博客文章内容页的文字元素
拓展训练 1：为文章内容页自定义文字效果

任务 1-3：设计网页中的图片

【能力目标】
① 能正确使用图像标签制作页面图片元素；
② 能实现简单的图文混排内容效果。

【知识目标】
① 掌握图像标签的使用方法；
② 识别并理解图像标签的常用属性。
工作训练 4：设计博客文章内容页的图片元素

任务 1-4：设计网页的超链接

【能力目标】

① 能正确使用超链接标签制作页面链接元素；

② 能合理运用相对路径或绝对路径处理元素或页面之间的链接关系。

【知识目标】

① 掌握超链接标签的使用方法；

② 理解相对路径和绝对路径；

③ 了解各种超链接的类型及应用场合；

④ 掌握锚点链接的创建方法和技巧。

工作训练 5：设计博客文章内容页的链接导航

拓展训练 2：制作文章内容页

📖 思政元素

(1) 通过了解 HTML 的发展历程，可以见证中国 Web 前端技术的不断进步与新兴技术的涌现；通过了解著名渐进式前端框架 Vue 的创造者尤雨溪，我们可以拓宽自己的科技视野，坚定文化自信，并立志勇攀技术高峰。尤雨溪的事迹激发了我们对国家科技进步的深切自豪感，激励着我们不仅要成为技术精湛的工匠，更要怀揣着以科技服务国家、贡献社会的崇高理想。

(2) 深刻体会到在网页设计中的图片设计保留原创精神的重要性。在设计网页图片时，努力融入自己的创意和想法设计，使得原创图片不仅能让网页更加美观和吸引人，还能在搜索引擎优化(SEO)方面发挥重要作用，有助于提升网站的排名；在 HTML 网页设计中，始终自觉遵守中国软件行业基本公约，秉持着良好的知识产权保护观念和意识；避免使用未经授权的图片资源，通过合法途径获取和使用图片素材，以确保自己的设计作品符合法律法规和道德规范。

(3) 通过使用国产软件 HBuilder 开发工具，感受到了国产编辑器的高效与便捷，这正是无数中国程序员不懈努力与智慧的结晶。同时，我们应深刻意识到，作为新时代的中国程序员，肩负着开发和推广国产编辑器的责任与义务。通过学习 HBuilder 这款国产编辑器，不仅可以提升我们的编程技能，更树立了为祖国 IT 事业奋斗的崇高理想。期待我们能够运用所学，为国产编辑器的发展贡献自己的力量，为中国 IT 事业的繁荣添砖加瓦，尽一份绵薄之力。

1.1 HTML5 简介

HTML 是目前网络领域应用最为广泛的一种语言，是构成网页的最基本要素，也是 Web 网站开发的基础。近年来，随着计算机信息技术的进步，产生了 DHTML 和 XML 等语言，然而它们仍然构建在 HTML 基础之上。事实上，目前 HTML 的功能是不可替代的，网页设计和 Web 应用程序的开发者，应该很好地掌握 HTML。

1.1.1　HTML 的基本概念

HTML 是用来描述网页的一种语言，官方名称是超文本标记语言(Hyper Text Markup Language)，我们要知道的是 HTML 不是一种编程语言，而是一种标记语言，HTML 使用标记标签来描述网页。

1.1.1.1　HTML 文档

HTML 是一种简易的文件交换标准，是纯文本类型的语言，使用 HTML 语言编写的文档称为 HTML 文档，它是编写网页的主要语言。使用 HTML 语言可以制作网页中的文字、图片、动画、声音、表格、链接等，HTML 文档可以直接由浏览器解释执行，无须编译。由于 HTML 所描述的文档具有极高的适应性，所以特别适合于 WWW 的网络环境。

1.1.1.2　网页和网站

网络是现代社会传播信息的重要途径，而网页又是这一途径中最为重要的载体。可以说，在上网冲浪已经成为一种时尚的今天，网页已经成为人们与外界沟通的重要桥梁。那么网页究竟是什么？它又是怎样制作出来的？

网页通常是由 HTML 语言编写的扩展名为.html 或.htm 的文件。网页必须通过网页浏览器来阅读。网页由文字、图片、视频、动画以及音乐等内容组成，用于在网络上传递丰富的信息。我们在电脑或者手机端浏览器看到的网页都是由浏览器解析 HTML 展现出来的，不管网站后台使用了什么样的技术或者语言实现，展现在浏览器前台的都是 HTML。

例如访问淘宝网站首页面时，只需要在浏览器地址栏输入网址 www.taobao.com，淘宝网站服务器就会根据用户请求将处理的请求结果显示在浏览器中。在浏览器中数据需要使用友好的格式展示给用户，请求结果的最终数据就是 HTML，浏览器读取网页中的 HTML 代码，分析其语法结构，然后根据解释的结果显示网页内容。因此，要浏览网页一般都要安装浏览器工具，例如谷歌浏览器、火狐浏览器、IE 浏览器、360 浏览器等。

网站是指在 Internet 上使用 HTML 语言等制作的用于展示特定内容的网页集合。网页是网站中的"一页"，人们可以通过网站来发布自己想要公开的信息，或者利用网站提供相关的网络服务。例如淘宝首页只是淘宝网站中的一个页面文件，用户可以通过网页浏览器访问网站，获取自己需要的信息或者享受网络服务。淘宝网站的首页如图 1.2 所示。

在浏览器地址栏中输入要访问的网页地址 URL(Uniform Resource Locator,统一资源定位符)，打开的便是一个网页。网页实际是一个文件，它存放在世界某个角落的某一台计算机中，而这台计算机必须是与互联网相连的。网页经由网址 URL 识别与存取，在浏览器地址栏中输入网址后，经过一段复杂而又快速的程序运算，网页文件会被传送到用户的计算机，然后再通过浏览器解释网页的内容，再展示到用户的眼前[1]。我们可以通过在页面的右键菜单中，选择"查看网页源代码"，查看该页面的 HTML 源代码，如图 1.3 所示。

---

[1] 面向网页文本的地理要素变化检测. 中国知网[引用日期 2017-03-23].

图 1.2　淘宝网站首页

```
136
137  </div>
138  <div class="cup J_Cup search-fixed">
139
140    <div class="top J_Top">
141      <div class="top-wrap clearfix">
142
143
144
145  <div class="tbh-logo J_Module tb-pass" data-name="logo" data-spm="201857">
146    <div class="logo">
147      <h1>
148        <a href="//www.taobao.com" role="img" class="logo-bd clearfix">淘宝网</a>
149
150      </h1>
151      <h2 aria-hidden="true"><a class="clearfix" href="//www.taobao.com">淘宝网</a></h2>
152    </div>
153  </div>
154
155
156  <div data-spm="201856" class="tbh-search J_Module" data-name="search">
157    <div class="search-wrap">
158      <div class="search-bd search-suggest" id="J_Search">
159        <div data-sg-type="tab"></div>
160        <form data-sg-type="form" target="_top" action="//s.taobao.com/search" name="search" id="J_TSearchForm" class="search-panel-focused">
161          <i class="search-split"></i>
162          <div class="search-button"><button class="btn-search tb-bg" type="submit"
163                data-spm-click="gostr=/tbindex;locaid=d13">搜索</button></div>
164          <div data-sg-type="placeholder"></div>
165          <div data-sg-type="combobox" class="search-suggest-combobox">
166            <input id="q" name="q" aria-label="请输入搜索文字" accesskey="s" autofocus="true" autocomplete="off" aria-haspopup="true"
167            aria-combobox="list" role="combobox" x-webkit-grammar="builtin:translate" />
168          </div>
169          <input type="hidden" name="commend" value="all" />
170          <input type="hidden" name="ssid" value="s5-e" autocomplete="off" />
171          <input type="hidden" name="search_type" value="item" autocomplete="off" />
172          <input type="hidden" name="sourceId" value="tb.index" />
173          <input type="hidden" name="spm" value="" />
174          <input type="hidden" name="ie" value="utf8" />
175          <input type="hidden" name="initiative_id" value="tbindexz_20170306" />
176          <!--[if lt IE 9]>
177          <s class="search-fix search-fix-panel1t"></s><s class="search-fix search-fix-panel1b"></s>
178          <![endif]-->
179        </form>
180      </div>
181
182      <div class="search-ft J_SearchFt clearfix">
183        <div class="J_TbSearchContent J_HotWord">
184          <div class="search-hots">
185  <div class="search-hots-lines">
```

图 1.3　淘宝首页部分网页源代码截图

　　理论上，每个网页都有一个唯一的 URL，使得用户所要访问的网页具有唯一性，就好比我们每个人的身份证号都是不同的。

1.1.2　HTML 的发展历史

我们常常习惯于用数字描述 HTML 的版本(如 HTML5)，但最初的时候并没有 HTML1，它只是 1993 年 IETF 团队的一个草案，并不是成型的标准。两年之后，在 1995 年 HTML 有了第二版，即 HTML2.0，当时是作为 RFC1866 发布的。有了以上两个历史版本后，HTML 的发展突飞猛进。1996 年 HTML3.2 成为 W3C(万维网联盟)推荐标准。之后在 1997 年和 1999 年，作为升级版本的 HTML4.0 和 HTML4.01 也相继成为 W3C 的推荐标准。然而，在快速发布 HTML 的 4 个版本后，业界普遍认为 HTML 已经穷途末路，对 Web 标准的焦点也开始转移到 XML 和 XHTML 上，HTML 被放在了次要位置。但是，在此期间 HTML 体现了顽强的生命力，主要的网站内容还是基于 HTML 开发的。为了支持新的 Web 应用，克服现有的缺点，HTML 迫切需要添加新的功能，制定新规范。

为了能继续深入发展 HTML 规范，在 2004 年，一些浏览器厂商联合成立了 WHATWG 工作组。它们创立了 HTML5 规范，并开始专门针对 Web 应用开发新功能。Web 2.0 也是在那个时候被提出来的。

2006 年，W3C 组建了新的 HTML 工作组，明智地采纳 WHATWG 工作组的意见，并于 2008 年发布了 HTML5 的工作草案。由于 HTML5 能解决实际的问题，所以在规范还未定稿的情况下，各大浏览器厂家就开始对旗下产品进行升级以支持 HTML5 的新功能。这样，得益于浏览器的实验性反馈，HTML5 规范也得到了持续完善，并以这种方式迅速融入到对 Web 平台的实质性改进中。2014 年 10 月 29 日，万维网联盟宣布，经过 8 年的艰辛努力，HTML5 标准规范终于制定完成，并公开发布。HTML5 将会逐渐取代 HTML 4.01、XHTML 1.0 标准，以期能在互联网应用迅速发展的同时，使网络标准符合当今网络需求，为桌面和移动平台带来无缝衔接的丰富内容。

HTML5 是对 HTML 标准的第五次修订，其主要目标是将互联网语义化，以便更好地被人类和机器阅读，并同时更好地支持各种媒体的嵌入，而 HTML5 本身并非技术，而是标准。

1.1.3　W3C 和 W3C 标准

HTML、XML 等是 W3C(万维网联盟)发布的众多影响深远的 Web 技术标准之一，W3C 是国际著名的标准化组织，是 Web 技术领域具有较高权威和影响力的国际中立性技术标准机构，它有效促进了 Web 技术的互相兼容，对互联网技术的发展和应用起到了基础性和根本性的支撑作用。

W3C 最重要的工作是发展 Web 规范，这些规范描述了 Web 的通信协议(比如 HTML 和 XHTML)和其他的构建模块。HTML5 是开放 Web 标准的基石，它是一个完整的编程环境，适用于跨平台应用程序、视频和动画、图形、设计风格、排版和其他数字内容的发布。

W3C 标准不是某一个标准，而是一系列标准的集合，对应的标准分为 3 个方面：结构化标准语言，主要包括 XHTML 和 XML；表现标准语言，主要包括 CSS；行为标准语言，主要包括对象模型(如 W3C DOM)、ECMAScript 等。这些标准大部分由 W3C 起草和发布，也有一些是其他标准组织制定的标准，比如 ECMA(European Computer Manufacturers Association)制定的 ECMAScript 标准。

1.1.4　HTML 的开发工具

如今，HTML5 发展迅速，被看作是 Web 开发者创建流行 Web 应用的利器。随着各大浏览器对 HTML5 技术支持的不断完善以及 HTML5 技术的不断成熟，未来 HTML5 必将改变我们创建 Web 应用程序的方式。接下来介绍一些优秀的 HTML5 开发工具，帮助用户更高效地编写 HTML5 应用。

1.1.4.1　Visual Studio Code

Visual Studio Code(简称为 VSCode)是 Microsoft 发布的一个可运行于 Mac OS、Windows 和 Linux 之上的，针对编写现代 Web 和云应用的**跨平台源代码编辑器**。VSCode 是一款出色的 IDE 开发工具，界面美观大方，功能强劲实用，支持中文，拥有丰富的插件，集成了所有现代编辑器所应该具备的特性，包括语法高亮(syntax high lighting)、可定制的热键绑定(customizable keyboard bindings)、括号匹配(bracket matching)以及代码片段收集 (snippets)。支持 Windows、Mac OS 和 Linux，内置 JavaScript、TypeScript 和 Node.js 支持。具有以下优点：

　　(1) 免费；

　　(2) 借助 IntelliSense 超越语法突出显示和自动完成功能；

　　(3) 直接从编辑器调试代码；

　　(4) 内置 Git 命令；

　　(5) 可扩展和可定制；

　　(6) 以 Microsoft Azure 轻松部署和托管网站。

1.1.4.2　HBuilder

HBuilder 是 DCloud(数字天堂)推出的一款支持 HTML5 的 Web 开发 IDE。HBuilder 的编写用到了 Java、C、Web 和 Ruby。HBuilder 本身主体由 Java 编写。快，是 HBuilder 的最大优势，通过完整的语法提示和代码输入法、代码块等，大幅提升 HTML、JavaScript、CSS 的开发效率。HBuilder 的下载地址为 https://www.dcloud.io/。

 小贴士

在 HTML 开发的入门阶段也有一个经典的网页制作工具——Adobe Dreamweaver，它提供了一种可视化编辑界面，对初学者很友好。但考虑到后续前端开发会涉及 JavaScript 开发、框架应用、后端交互等技术，还是建议使用集成前后端开发的 IDE，如 VSCode、HBuilder、WebStorm 等工具。

想要了解 Adobe Dreamweaver 使用方法的读者，可以扫描下方二维码观看其使用步骤。

扫码查看文档

1.2　HTML5 文档结构

1.2.1　HTML5 文档基本结构

HTML 是前端开发最基本的语言，也是最重要的语言之一，我们在浏览网页时看到的内容就是 HTML 代码在浏览器中最直接的表现形式。一个完整的网页需要 4 个组成部分：html 标签、head 标签、title 标签、body 标签，它们是一个网页基本骨架中的组成部分。这 4 个标签的组织结构如图 1.4 所示。

图 1.4　HTML 网页的 4 个组成部分

这 4 个基本标签的作用如下：

- html 标签：处于 HTML 文档的最外层，是整个文档的根标签，用来进行文档声明，告诉浏览器这是一个 HTML 文档。
- head 标签：头部标签，一般包含文档的标题、字符编码格式、脚本引用、样式引用或者提供元信息等。它是 html 标签的一个子标签。
- title 标签：标题标签，用来定义文档的标题，将标题显示在浏览器窗口的最顶部。它是 head 标签的一个子标签。
- body 标签：主体标签，网页的主体部分，body 标签包含的内容会显示在浏览器的内容区域。它也是 html 标签的一个子标签。

将图 1.4 中的代码在浏览器中运行，得到的效果如图 1.5 所示。

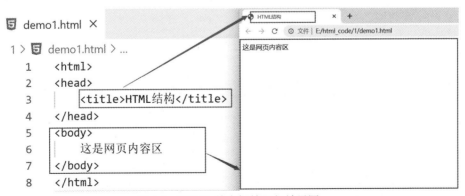

图 1.5　HTML 基本标签运行效果图

从上面的代码可以看出，HTML 文档中这 4 个标签的关系有两种：包含关系和并列关系，如图 1.6 所示。

包含关系：	并列关系：
`<head>`	`<head>`
`<title></title>`	`</head>`
`</head>`	`<body>`
	`</body>`

图 1.6　HTML 文档标签的两种关系

1.2.2　HTML5 基本语法

接下来通过 VSCode 自动生成的语法代码块，分析 HTML5 的基本语法，如图 1.7 所示。

```html
> 5 demo2.html > ...
1   <!DOCTYPE html>
2   <html lang="en">
3   <head>
4       <meta charset="UTF-8">
5       <meta http-equiv="X-UA-Compatible" content="IE=edge">
6       <meta name="viewport" content="width=device-width, initial-scale=1.0">
7       <title>Document</title>
8   </head>
9   <body>
10
11  </body>
12  </html>
```

图 1.7　语法代码块分析图

(1) 双标签：以`<标签名>`为起始标签，以`</标签名>`为结束标签，内容放在起始标签和结束标签之间。语法如下：

`<标签名>内容</标签名>`

(2) 单标签：只有一个`<标签名>`，或者是`<标签名/>`。这种标签中间不包含内容，而是通过属性方式实现内容的呈现或实现标签的特性。例如图 1.7 中的`<meta charset="UTF-8">`，就是一种带属性的单标签。

(3) 带属性的单标签：语法如下：

`<标签名 属性名 1="属性值 1" 属性名 2="属性值 2" ...>`

每个属性名和属性值对使用空格间隔开，属性值使用英文引号括起来。

(4) 带属性的双标签：双标签也可以添加属性，语法如下：

`<标签名 属性名 1="属性值 1" 属性名 2="属性值 2" ...>内容</标签名>`

说明：

当属性名和属性值相同时，可以使用简写方式：只写属性名。

1.2.3　使用浏览器查看 HTML5 网页文件

在浏览器中输入百度官网地址 www.baidu.com，按 Enter 键后显示百度首页，在页面上单击右键，在弹出的菜单中选择"查看网页源代码"，观察百度页面的代码，并查看上一节介绍的 4 个 HTML 的结构标签。操作如图 1.8 所示。

图 1.8　查看网页源代码示意图

1.3 HTML5 文本类标签

网页中的文字是网页最主要的表达形式，尽管图形和表格形式多样，但大多数浏览者仍将注意力集中在页面中的文字上，他们总是首先浏览文字内容，而很少关心其他页面元素，甚至对导航界面也是如此。所以给浏览者一个亲和的文字界面是非常必要的。

1.3.1　标题标签

HTML5 的标题标签一共有 6 个，分别是 h1、h2、h3、h4、h5、h6。标签中的字母 h 是英文 headline 的简称。h1 表示一级标题，字号最大；h6 表示六级标题，字号最小。从 h1 至 h6 标题字号逐渐减小。

标题标签的特点是：每个标题标签所标示的内容将独占一行，上下均留有一空白行；标题中的文字默认加粗；字号根据标题级别不同有统一的大小。

语法如下：

```
<hn> 标题内容 </hn> //n 代表数字 1~6
```

示例：在页面中显示 6 个级别的标题标签，如图 1.9 所示。

```
10      <body>
11          <h1>这是一级标签h1标签效果 </h1>
12          <h2>这是二级标签h2标签效果</h2>
13          <h3>这是三级标签h3标签效果</h3>
14          <h4>这是四级标签h4标签效果</h4>
15          <h5>这是五级标签h5标签效果</h5>
16          <h6>这是六级标签h6标签效果</h6>
17      </body>
```

这是一级标签h1标签效果

这是二级标签h2标签效果

这是三级标签h3标签效果

这是四级标签h4标签效果

这是五级标签h5标签效果

这是六级标签h6标签效果

图 1.9　标题标签示例参考代码及效果图

1.3.2　段落标签

HTML 的段落标签用于定义文本的段落，常用于一段连续的文字。段落标签使得文本在页面上以段落的形式显示，并默认有一定的行间距。

1.3.2.1　段落标签语法

HTML5 的段落标签是 p，它表示以段落的方式组织内容，段落标签之间的内容可以是文字、图片、表格等，因此段落标签可以嵌套其他 HTML 标签。

段落标签的特点是：每个段落标签所标示的内容独占一行，上下均留有一空白行。语法如下：

```
<p> 段落内容 </p>
```

示例：在页面中显示朱熹的诗词《劝学》，如图 1.10 所示。

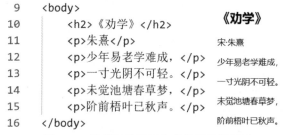

```
9       <body>
10          <h2>《劝学》</h2>
11          <p>朱熹</p>
12          <p>少年易老学难成，</p>
13          <p>一寸光阴不可轻。</p>
14          <p>未觉池塘春草梦，</p>
15          <p>阶前梧叶已秋声。</p>
16      </body>
```

《劝学》

宋·朱熹

少年易老学难成，

一寸光阴不可轻。

未觉池塘春草梦，

阶前梧叶已秋声。

图 1.10　段落标签示例参考代码及效果图

1.3.2.2　段落标签的常用属性

段落标签的常用属性如表 1.1 所示。属性的写法可参考 2.2 节的相关内容。

表 1.1　段落标签的常用属性

属性	说明	默认值
align	水平对齐方式，可选值：right、left、center	默认 left
style	设置行内样式	—

style 属性的语法格式符合带属性的标签语法，其语法格式为：

<标签名　style="值">内容</标签名>

然而其值一般并不是一个单词，而是一个样式定义，由样式属性名和样式的值来表示。语法结构为：style="样式属性名:样式值;"，其中样式属性名是指定控制该元素的样式，样式值则表示该样式的具体值。若有多个样式要控制，每个样式之间用分号隔开。

例如：下面将标题中的文字颜色(样式属性名为 color)设置为蓝色(样式值为 blue)，则使用 style 语法示例如下：

<h1 style="color:blue;">一级标题</h1>

同样，如果还需要将标题的背景色设置为黄色，则使用的 style 语法如下：

<h1 style="color:blue;background-color: yellow;">一级标题</h1>

运行效果如图 1.11 所示。

一级标题

图 1.11　style 语法示例效果图

对上面的《劝学》诗词代码进行修改，添加一些属性，页面效果显示如图 1.12 所示。

图 1.12　案例《劝学》页面效果图

1.3.3　换行标签

HTML5 的换行标签是 br，其作用是在标签标记位置插入一换行符，该标记后面的内容从下一行开始排列，可以将当前的文字、图片以及表格等强制换行显示于下一行。语法如下：

或者

例如将上面的诗词《劝学》中的诗句使用换行标签改写，参考代码如图 1.13 所示，效

果如图 1.12 所示。

```
10    <body>
11        <h2 align="center">《劝学》</h2>
12        <h4 align="right">宋·朱熹</h4>
13        <p>少年易老学难成，<br>一寸光阴不可轻。<br>未觉池塘春草梦，<br>阶前梧叶已秋声。</p>
14    </body>
```

图 1.13　换行标签示例参考代码图

1.3.4　水平线标签

HTML5 中的水平线标签可以在网页上显示一条横线，用来分隔不同的网页内容。水平线标签可用于分隔段落、部分或其他内容，这使得文档结构清晰明白，内容编排更为整齐。

1.3.4.1　水平线标签语法

HTML5 的水平线标签是 hr，属于单标签结构。语法如下：

```
<hr>
```

或者

```
<hr/>
```

案例：在诗词作者下面添加一个分割线，划分内容，如图 1.14 所示。

图 1.14　水平线案例效果图

参考代码如图 1.15 所示。

```
10        <h2 align="center">《劝学》</h2>
11        <h4 align="right">宋·朱熹</h4>
12        <hr>    插入水平线标签
```

图 1.15　水平线案例参考代码图

1.3.4.2　水平线标签的常用属性

水平线标签的常用属性如表 1.2 所示。

表 1.2　水平线标签的常用属性

属性	说明	默认值
align	水平对齐方式，可选值：right、left、center	left
style	设置行内样式	—
noshade	设定值为 noshade，代表线条为平面显示；若取消此项，则具有阴影或立体效果	—

1.3.5　注释标签

HTML 的注释标签主要用来对文档中的代码进行解释说明，注释也是代码的一部分，但浏览器会自动忽略注释的内容，所以用户在网页中是看不到注释的。我们在编写代码时应该善用注释，因为一个完整的 HTML 文档往往由成百上千行代码组成，当想要修改其中的某个部分时可能需要花费很长的时间才能找到想要修改的地方。有了注释就不一样了，我们可以根据功能或者其他条件将程序划分为若干部分并通过注释进行标记，这样可以帮助您和他人阅读代码，提高代码的可读性。

注释分单行注释和多行注释。使用方式差不多，可以在代码<!--要注释的内容-->中添加注释，<!和>之间的所有内容都会被视为注释。示例代码如图 1.16 所示。

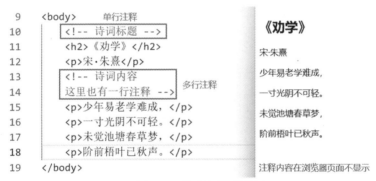

图 1.16　注释标签示意图

1.3.6　其他文本类标签

除了上面介绍的几种常用的文本类标签，HTML 中还有一些其他文本类标签，这些文本类标签通常用于包裹词汇、语法等，能对文本进行微观设置。其他常用的文本类标签如表 1.3 所示。

表 1.3　其他常用的文本类标签

标签	说明	示例
del	定义被删除文本	<del>要删除的文字</del>
i	定义斜体文本	<i>要倾斜的文字</i>
mark	定义有记号的文本	<mark>标记的文字</mark>

(续表)

标签	说明	示例
pre	定义预格式文本	\<pre\>预格式文本\</pre\>
strong	定义语气更为强烈的强调文本	\<strong\>强调文本\</strong\>
sup	定义上标文本	\<sup\>上标\</sup\>
sub	定义下标文本	\<sub\>下标\</sub\>

1.3.7 HTML5 转义字符串

在 HTML 中，有一些符号具有特殊的含义，如<、>等用于标签，浏览器会试图解析这些符号，这些符号无法显示在网页中，若希望在网页中显示这些符号，则需要使用 HTML 转义字符串。

转义字符串又称为字符实体，分为三个部分：第一部分是一个&符号；第二部分是实体名字或者是#加上实体编号；第三部分是一个分号。例如要显示小于号<，可以写成：<。

表 1.4 中列出了 HTML 中常用的一些转义字符串。更多 HTML 转义字符串请大家扫描下方二维码进行查看。

表 1.4 HTML 中常用的转义字符串

转义字符串	说明	转义字符串	说明
	空格	&copy;	版权符号©
&lt;	小于号<	&reg;	已注册商标®
&gt;	大于号>	&yen;	人民币符号¥

转义字符串的使用注意事项如下：
- 转义字符串中各字符之间不能出现空格。
- 转义字符串必须以";"结束。
- 单独的&不被认为是转义字符串的开始。
- 转义字符串区分大小写。

1.4 HTML5 图片和超链接标签

图片是网站的特色之一，它具备醒目、吸引人、一级传达信息的功能，好的图片应用可以给网页增色，同样，不恰当的图片应用会适得其反。在 HTML 设计网页时，会频繁使用图片标签为页面添加图片文件。

图 1.17 为央视官网上的科技新闻条目，使用了图片和文字排列内容。

图 1.17　央视官网上的科技新闻条目列表效果图

1.4.1　图片标签

在 HTML 中，图像由图片标签定义，可以用来加载图片到 HTML 网页中显示，它并不是将图像直接插入到网页中，而是通过属性设置将图片链接到网页。

1.4.1.1　图片标签的语法

HTML5 的图片标签是 img，是单标签。img 标签本身不包含任何内容，它通过 src 属性来定义图片的路径，其他属性可以控制图片的样式。img 标签只有起始标签没有结束标签，所有图片样式均由 img 的属性决定。在网页上使用的图片，常见的格式有 jpeg、gif和 png 等。

语法如下：

```
<img src="路径"　alt="提示信息"　align="对齐方式"　title="显示文本"　width="宽度"　height="高度"/>
```

1.4.1.2　图片标签的常用属性

图片标签的常用属性如表 1.5 所示。

表 1.5　图片标签的常用属性

属性	说明	备注
src	指定加载的图片地址，可以使用相对路径或绝对路径	—
width	图片的宽度，单位可以是像素、百分比等	例如：100px
height	图片的高度，单位可以是像素、百分比等	例如：100px
align	图片和周围文字的对齐方式	默认为 bottom，其他值有 left、right、top、middle
alt	图片无法显示时显示的文字	—
title	鼠标悬停时显示的文本内容	—

1.4.2　相对路径和绝对路径

(1) 绝对路径：指网页文件在磁盘上的真正路径，是指从盘符开始到文件所在的目录，最后以文件完整名结尾的路径，包括该文件名和后缀名，如 E:\html_code\1\ images\bd_login.jpg;，也可以是网络地址，如 http://www.baidu.com/images/logo.gif。

（2）相对路径：指相对于当前文件的路径。相对路径不带盘符，以当前文件为起点，通过层级文件关系描述目标路径。若图片文件与当前文件在同一目录下，则可以直接使用图片文件名作为路径。

（3）常使用以下三类符号描述层级文件目录关系：

- ./代表当前路径。
- ../代表上一级目录。
- /代表下一级目录。

表 1.6 列举了相对路径的分类信息。

表 1.6　相对路径的分类信息

相对路径分类	符号	说明
同一级路径		文件位于 HTML 文件的同一级目录，如<img src="test.jpg" />或者<img src="./test.jpg"/>
下一级路径	/	文件位于 HTML 文件的下一级，如<img src="./images/test.jpg"/>
上一级路径	../	文件位于 HTML 文件的上一级，如<img src="../test.jpg"/>

1.4.3　图片标签的应用——简单的图文混排

在网页设计过程中，经常需要文字和图片搭配来增强信息的可读性、艺术性和多样性，形成自己的特色。例如，将适当的图片与文字有效结合，实现图文混排，丰富页面内容，提高网页的美感。

案例：简单的图文混排，页面效果图如图 1.18 所示。

图 1.18　简单的图文混排案例效果图

图片标签案例参考代码如图 1.19 所示。

```
9   <body>
10      <img src="./images/2023050308452220800.jpg" alt="科技赋能"中国制造"" title="科技赋能"中国制造"" width="273px" height="154px" align="left">
11      <h4>  科技赋能"中国建造"</h4>
12      <p>  几名工程技术人员研发应用建筑机器人、辅助和替代"危、繁、脏、重"人工作业的故事，是我国建筑业加快推广智能建造的生动例证。</p>
13      <br>
14      <br>
15      <p align="right"><img src="./images/share_list_XUQIU-18886.png" alt="分享图标"></p>
16  </body>
```

图 1.19　图片标签案例参考代码图

1.4.4 超链接标签

超链接是网页中最常见的元素之一，也是互联网最典型的特性之一。它是各个网站网页之间实现相互链接的一个技术，网页中的各种元素，如文本、图像、表格、音频、视频等，都可以添加超链接。

1.4.4.1 超链接标签语法

HTML5 的超链接标签是 a，用于从一个网页链接到另一个目标文件，目标文件可以是网页、图片、文件、邮件地址等，也可以是同网页的不同位置。

语法如下：

```
<a href="链接目标的 URL" ...> 链接显示内容 </a>
```

其中显示的内容可以是文字、图片、视频等其他标签。

超链接的 href 属性中常见的值可以是本地文件路径、网络 URL 地址，也可以是目标网页的路径，如图 1.20 所示。

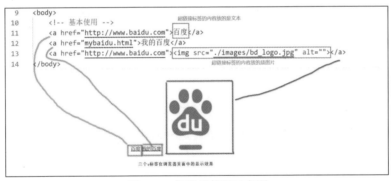

图 1.20 超链接使用示意图

1.4.4.2 超链接标签的常用属性

超链接标签的常用属性如表 1.7 所示。

表 1.7 超链接标签的常用属性

属性	说明	默认值
href	链接的目标 URL	—
target	在何处打开目标 URL。仅在 href 属性存在时使用	默认值：_self；其他值：_blank(新窗口打开)、_top、_parent

1.4.4.3 超链接的应用场合

1) 空链接

```
<!-- 空链接 -->
<a href="#">这是一个空链接</a>
```

2) 下载链接

```
<!-- 下载链接 -->
<a href="./files/我的工具包.zip">下载该文件</a>
```

3) 邮件链接

```
<!-- 邮件链接 -->
<a href="mailto:25694247@qq.com">请联系我</a>
```

说明：当单击这个邮箱链接，就会启动安装在用户电脑上的邮件程序(如 Lotus Notes、Outlook Express)。如果没有安装邮件软件，就没有办法向指定的邮箱地址发送邮件。

4) 锚点链接

主要用于当前同页面的内容跳转，也称锚链接。它像一个定位器，可以快速跳转到同一个页面指定的位置(锚点标记)。锚点链接一般由两种方式实现：

● 方式一：这种方式适合用在任何标签上。

创建锚点，相当于在页面的某个目标位置打标记。

语法：

```
<标签名 id="锚点名">目标位置页面内容</标签>
```

跳转到目标位置。

语法：

```
<a href="#锚点名"></a>
```

● 方式二：这种方式仅适合应用在<a>标签上。

创建锚点，相当于在页面的某个目标位置打标记。

语法：

```
<a name="锚点名">目标位置页面内容</a>
```

跳转到目标位置。

语法：

```
<a href="#锚点名"></a>
```

锚点链接的参考代码如图 1.21 和图 1.22 所示。

```
20        <!-- 锚点链接 -->
21        <!-- 2.跳转到目标 -->
22        <a href="#mubiao">跳到目标位置</a>
23        <br><br><br><br><br><br><br><br><br>    作用是将目标内容与上面
24        <br><br><br><br><br><br><br><br><br>    的超链接位置间距拉大。
25        <!-- 1.创建锚点 -->
26        <h2 id="mubiao">目标位置</h2>
27        <p>目标内容</p>
```

图 1.21　锚点链接参考代码图 1

```
20        <!-- 锚点链接 -->
21        <!-- 2.跳转到目标 -->
22        <a href="#mubiao">跳到目标位置</a>
23        <br><br><br><br><br><br><br><br><br>
24        <br><br><br><br><br><br><br><br><br>
25        <!-- 1.创建锚点 -->
26        <a name="mubiao">目标位置</a>
27        <p>目标内容</p>
```

作用是将目标内容与上面的超链接位置间距拉大。

图 1.22　锚点链接参考代码图 2

📖 工作训练

工作训练 1：安装开发工具

【任务需求】

安装主流的 HTML5 网页设计工具及插件——Visual Studio Code 和 HBuilder。

【任务要求】

- 正确安装开发工具并配置相关插件，提高代码编写和页面开发效率。
- 熟练使用工具，了解工具的常用功能。

【任务实施】

1. 下载、安装 Visual Studio Code 及其插件

1）下载 Visual Studio Code

(1) Visual Studio Code(简称 VSCode)的官网地址为 https://code.visualstudio.com/，进入官网后，官网会根据当前计算机的操作系统类型，推荐符合系统要求的最新稳定版，界面如图 1.23 所示。

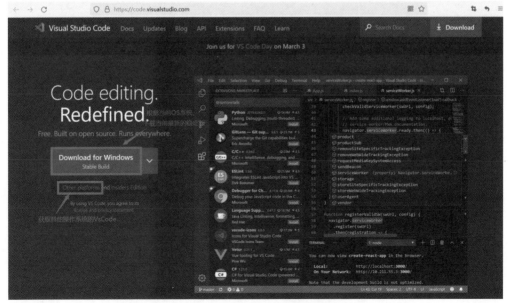

图 1.23　VSCode 官网界面图

（2）也可以单击下拉箭头，选择不同操作系统的 VSCode 版本，如图 1.24 所示。

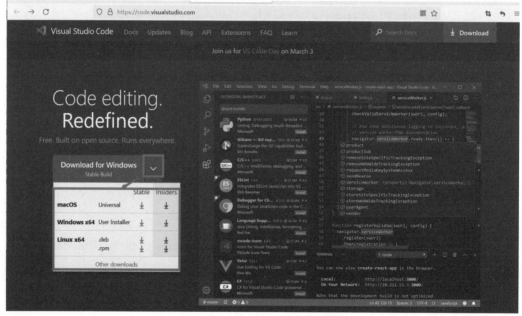

图 1.24　VSCode 官网下载示意图

（3）选择页面上的"Download for Windows"，弹出如图 1.25 所示的页面，按照提示保存即可。

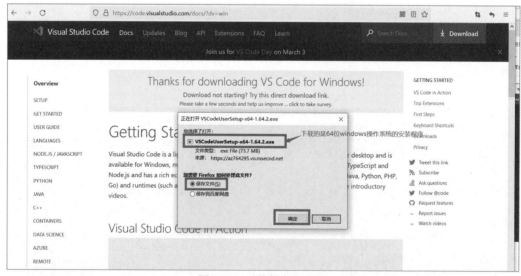

图 1.25　下载保存示意图

（4）下载完成后，文件会默认保存在下载目录(C:\Users\×××\Downloads)中(×××表示当前登录系统的用户名)，如图 1.26 所示。

图 1.26　下载目录示意图

2) 安装 Visual Studio Code

请大家扫描下方二维码查看安装 VSCode 的视频和文档。

VSCode 安装视频　　　　　　VSCode 安装参考文档

3) 安装 Visual Studio Code 插件

为读者推荐一些前端开发必备的 VSCode 插件，可通过扫描下方二维码查看。

VSCode 插件介绍

也可以扫描下方的二维码查看安装 Visual Studio Code 插件的视频和文档。

VSCode 插件安装视频　　　　VSCode 插件安装参考文档

2. 下载、安装 HBuilderX 及其插件

1) 下载 HBuilderX 及其插件

HBuilderX 的下载地址为：https://www.dcloud.io/，其官网界面如图 1.27 所示，下载界面如图 1.28 所示。

2) 安装 HBuilderX 及其插件

HBuilderX 的安装非常简单。右键单击下载的 HBuilderX 压缩包，选择"全部解压缩"命令，解压后得到文件夹，双击 HBuilderX.exe 即可启动工具，如图 1.29 所示。

图 1.27　HBuilderX 官网首页界面

图 1.28　HBuilderX 下载界面

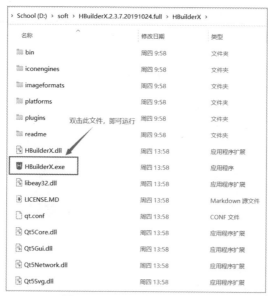

图 1.29　双击运行 HBuilderX

工作训练 2：编写博客文章内容页的基本框架代码

【任务需求】

根据项目原型图，编写博客文章内容页面的基本框架代码，在浏览器中的运行结果如图 1.30 所示。

图 1.30 任务效果图

【任务要求】

● 使用记事本编写 HTML 代码，要求能正确书写 HTML 的基本组织结构标签。

● 利用开发工具 VSCode 的预设代码块语法生成 HTML5 的框架结构代码，设置网页标题，输入网页内容，掌握其工具快捷键和代码编写技巧。

【任务实施】

1. 使用记事本编写 HTML 代码

(1) 在自己电脑的 E 盘下，创建目录结构 "html_code/1"，打开 "1" 文件夹，在文件夹中新建一个名为 "renwu1.txt" 的文本文档，如图 1.31 所示。

图 1.31 目录结构示意图

(2) 双击打开 "renwu1.txt" 文件，在文本中书写 HTML5 结构代码，内容如图 1.32 所示。

图 1.32 HTML5 结构代码参考图

(3) 书写完成后，按下键盘快捷键 Ctrl+S，将文件保存后关闭该文本文档。在文件夹 "1" 中，更改文件扩展名为.html 或.html，如图 1.33 所示。

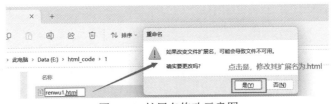

图 1.33 扩展名修改示意图

(4) 对比更改前和更改后的文件状态，如图 1.34 所示。

图 1.34　扩展名修改前后对比图

 **小提示**

　　先将磁盘文件夹查看属性中的文件扩展名显示出来，才能正确修改文件扩展名。读者可以扫描右侧二维码查看显示文件扩展名的视频。

　　(5) 双击修改好的"renwu1.html"文件，在浏览器中运行该文件，展示网页的运行效果，如图 1.35 所示。

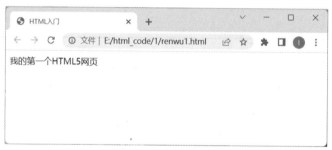

图 1.35　运行效果图

2. 使用 VSCode 工具完成网页的编写

　　(1) 选择本地磁盘上的一个目录，创建一个用来保存网页文件的文件夹，如 E:/html_code/1。

　　(2) 在 VSCode 中打开目录 1。

　　(3) 在 VSCode 中新建文件 renwu2.html。

　　(4) 在代码编辑区书写代码。

● 手动书写代码，代码参考如下：

```
<html>
  <head>
    <title>我的网页</title>
  <body>
    这是我设计的第一个网页，很酷吧!
  </body>
```

```
    </head>
</html>
```

● 利用预设代码块书写代码。

(5) 保存代码，并在浏览器中运行网页，查看效果。

实践视频：扫描下方二维码，观看使用 VSCode 工具完成网页编写的操作视频和操作文档。

操作视频

操作文档

工作训练 3：设计博客文章内容页的文字元素

【任务需求】

根据项目原型图完成如下任务，具体任务分布图如图 1.36 所示。

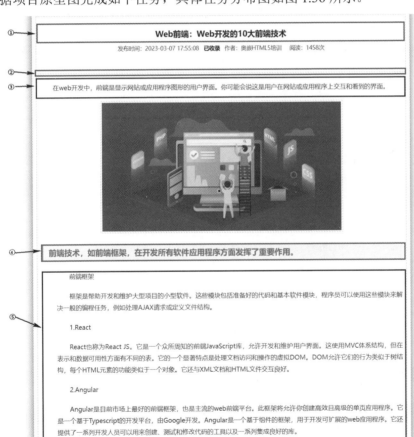

图 1.36 任务线框图

- 设计文章内容页的标题部分(图 1.36 中序号①、④)。
- 设计文章内容页的文字段落(图 1.36 中序号③、⑤)。
- 为标题和正文之间设计水平线间隔(图 1.36 中序号②)。

【任务要求】
- 合理使用标题、段落、水平线等标签组织页面内容。
- 设置标题、段落文本对齐方式、段落行间距等样式。

【任务实施】

1. 分析页面上所使用的标签

根据任务要求,分析页面上各个部分都使用了哪些标签,在表 1.8 中填入你认为合理的标签名。

表 1.8　填入页面上的标签名

页面内容	你认为合理的标签
①	
②	
③	
④	
⑤	

2. 设计博客内容页面的文字元素

(1) 新建一个 HTML5 文件,名为 renwu3.html。

(2) 为页面添加文章标题,标题名为:"Web 前端:Web 开发的十大前端技术"。

(3) 使用段落、换行等标签为页面添加文章正文。

(4) 使用水平线标签为标题和正文之间添加分割线。

(5) 在浏览器中查看页面运行效果。

实践视频:请扫码下方二维码,观看工作训练 3 的任务实施的详细操作文档。

工作训练 4:设计博客文章内容页的图片元素

【任务需求】

根据项目原型图,设计博客文章内容页面的图片元素,具体任务分布图如图 1.37 所示。

图 1.37 运行效果图

- 设计文章分享图标部分(图中①)。
- 设计文章内容中的图片部分(图中②)。
- 设计图文混排效果(图中③)。

【任务要求】

- 为页面添加图片，书写正确的图片标签，设置图片的大小、对齐方式等属性。
- 使用相对路径设置图片路径。

【任务实施】

(1) 创建一个 HTML5 文件，并组织好文件目录结构。

(2) 添加图片，设置图片大小和提示文字。

(3) 设计底部的图文混排效果，图片设置对齐方式为靠左。

(4) 在浏览器中查看页面运行效果。

实践视频：请扫描右侧二维码，观看工作训练 4 的任务实施的详细操作文档。

工作训练 5：设计博客文章内容页的链接导航

【任务需求】

根据项目原型图，设计博客文章内容页面的头部导航、面包屑导航、文章切换等超链接部分，具体任务分布图如图 1.38 所示。

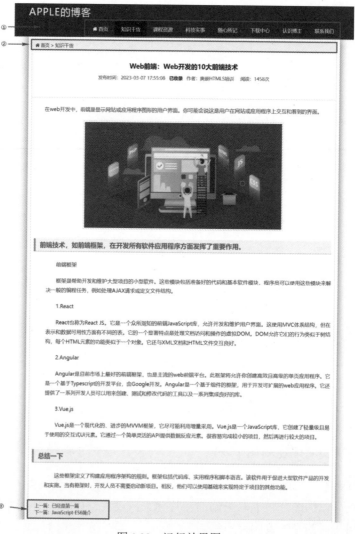

图 1.38　运行效果图

- 设计导航部分，添加导航超链接效果(图中①)。
- 设计面包屑导航超链接效果(图中②)。
- 设计文章切换超链接效果(图中③)。

【任务要求】

- 书写正确的超链接标签的语法。
- 合理实现超链接标签与其他标签的嵌套组合。
- 设置超链接的常用样式。

【任务实施】

(1) 新建一个 HTML5 文件，名为 renwu5.html。

(2) 编写超链接内容代码。

(3) 给超链接添加常用样式：下划线(text-decoration)、颜色(color)、字体粗细(font-weight)等样式。

(4) 为超链接添加页面跳转功能。

(5) 在浏览器中查看页面效果。

实践视频：请扫描右侧二维码，观看工作训练 5 的任务实施的详细操作文档。

📖 拓展训练

拓展训练 1：为文章内容页自定义文字效果

新建一个名为"拓展训练 1.html"的 HTML5 文件，利用所学的文本标签，设置更为丰富的样式。图 1.39 所示的效果图仅供参考，读者可以自由发挥。

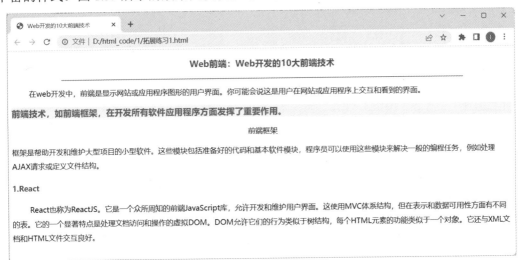

图 1.39 运行效果图

拓展训练2：制作文章内容页

结合所学到的标题标签、段落标签、水平线标签、图片标签、超链接标签制作下面的综合案例，可以在前面任务的基础上设计如图1.40所示的效果图。扫描右侧二维码可查看拓展训练2的实施要点。

图1.40 运行效果图

📖 功能插页

请将各个工作训练的线框图绘制在下面，需要有效标识各个部分的标签名，可以参考图 1.41。

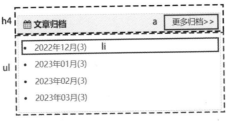

图 1.41　线框图示意图

请将学习过程中遇到的问题记录在下面。

【学习笔记】

【思维导图】

任务思维导图如图 1.42 所示，也可扫描右侧二维码查看高清思维导图。

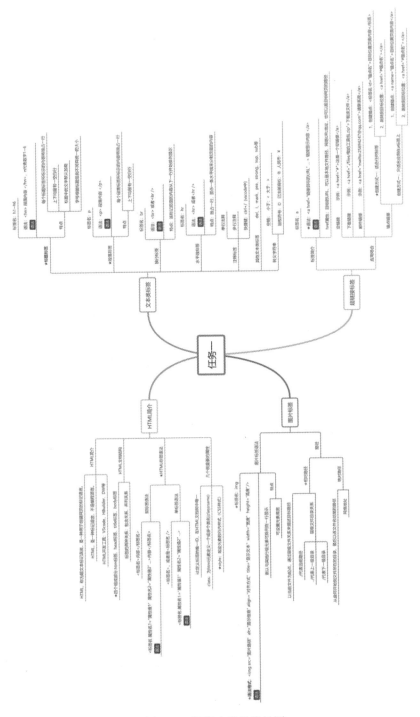

图 1.42　课程内容思维导图

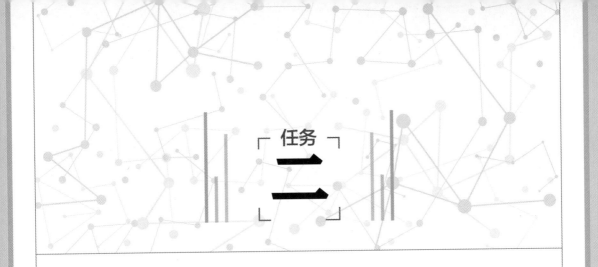

📖 任务需求说明

公司需要为某客户设计个人博客内容列表页，客户的博客页需要展示的内容主要为课程资源和文章，该页面需要为用户提供资源列表展示、资源导航、文章排行榜、文章推荐等功能。根据 UI 设计师设计的页面原型图，利用 HTML5 和 CSS3 制作博客文章内容页的静态页面，页面主要由导航、文章图文列表、文章排行榜、文章归档、博主推荐、热门分类等版块组成。

📖 课程工单

博客文章内容列表页的 UI 设计图如图 2.1 所示。(请扫描二维码查看高清图片)

图 2.1　博客内容列表页

客户要求	(1) 设计的网页能适配目前大部分 PC 端电脑屏幕尺寸,工程代码组织合理、结构清晰。
	(2) 采用图文列表的形式展示文章列表,图片美观,标题醒目。
	(3) 对网站内容进行细分、分类组织,页面中文字量较多的内容需要合理组织,要求直观展示,能全面展现信息。
设计标准	(1) 代码规范:遵循代码缩进规范、HTML 大小写规范、注释规范、命名规范、块级标签和行级标签的嵌套规则等。
	(2) 列表设计:根据不同内容版块采用不同的列表形式布局:图文列表、标文列表、卡片式、宫格等。
	(3) 表格设计:表格应增加合适的填充和边距,使用表格结构化标签组织代码,使代码兼容浏览器,更利于后期维护。

	任务内容	计划课时
	工单任务 2-1：设计博客文章归档列表	1 课时
	工单任务 2-2：设计博客文章排行榜列表	1 课时
	工单任务 2-3：设计博客课程资源列表	1 课时
工单任务分解	工单任务 2-4：完善博客内容列表页	1 课时
	工单任务 2-5：设计博客文章热门标签版块	2 课时
	工单任务 2-6：设计博客文章推荐版块	2 课时
	拓展训练 1：设计文档资料下载列表	课后
	拓展训练 2：设计博客文章列表展示页面	课后

📖 工单任务分解

任务 2-1：设计博客文章归档列表

【能力目标】

① 能阐述无序列表标签的作用和使用场合；

② 能熟练编写无序列表标签语法代码。

【知识目标】

① 掌握无序列表标签及特点；

② 掌握无序列表的语法。

工作训练 1：设计博客文章归档列表

任务 2-2：设计博客文章排行榜列表

【能力目标】

① 能阐述有序列表标签的作用和使用场合；

② 能熟练编写有序列表标签语法代码。

【知识目标】

① 掌握有序列表标签及特点；

② 掌握有序列表的语法。

工作训练 2：设计博客文章排行榜列表

任务 2-3：设计博客课程资源列表

【能力目标】

① 能阐述定义列表标签的作用和使用场合；

② 能熟练编写定义列表标签语法代码。

【知识目标】

① 掌握定义列表的特点；

② 掌握定义列表的语法。

工作训练3：设计博客课程资源列表

拓展训练1：设计文档资料下载列表

任务2-4：完善博客内容列表页

【能力目标】

① 能灵活使用div标签和span标签组织元素内容；

② 能正确对不同类型的元素实现嵌套和转换。

【知识目标】

① 了解div标签和span标签的作用；

② 掌握div标签和span标签的语法及特点；

③ 掌握块级元素和行内元素的嵌套及转换方法。

工作训练4：完善博客内容列表页

任务2-5：设计博客文章热门标签版块

【能力目标】

① 能熟练创建规则表格；

② 能合理采用表格结构标签组织和排列网页内容。

【知识目标】

① 了解表格的基本概念及生活中表格的应用；

② 掌握用HTML语言创建表格的方法。

工作训练5：设计博客文章热门标签版块

任务2-6：设计博客文章推荐版块

【能力目标】

① 能熟练创建不规则表格；

② 能合理采用表格嵌套排列网页内容；

③ 学会使用各种属性美化表格。

【知识目标】

① 了解表格的基本概念及生活中表格的应用；

② 掌握表格的常用属性；

③ 掌握表格标签的单元格合并。

工作训练6：设计博客文章推荐版块

拓展训练2：设计博客文章列表展示页面

📖 **思政元素**

(1) 作为未来的网页设计师，我们肩负着确保信息准确无误且值得信赖的重任，必须避免使用不实信息和歧视性语言，同时也要避免使用可能引起误解或不适的设计元素。在设计中，我们应严格遵守法律法规，维护社会秩序，积极践行自由、平等、公平、法制的社会精神，并大力倡导爱国、敬业、诚信、友善的公民精神。

(2) 通过学习 HTML5 中创建表格的方法，我们可对表格的标题、结构及各项属性进行全方面的设计，在这一过程中，我们能深刻体会到，对待学习和编写代码必须具备一丝不苟、认真细致、精益求精的科学精神。在设计每一环节时，对细节的极致追求可使我们逐渐养成认真严谨的好习惯，这不仅提升了我们在学习中的表现，也让我们在工作中展现出更加专业和可靠的品质。

2.1 列表标签

列表是网页中常见的内容组织和表现形式，在网站设计中占有较大的比重，显示信息非常整齐直观，便于用户理解。使用列表标签可以制作导航栏、新闻标题列表以及排行榜等。列表标签的作用是给一系列数据添加列表语义，告诉浏览器这些数据是一个整体。HTML5 中常见的列表标签有三个：无序列表 ul、有序列表 ol、定义列表 dl。华为商城帮助中心页面设计中使用的无序列表和有序列表效果如图 2.2 所示。

图 2.2 华为商城帮助中心页面

2.1.1 无序列表

HTML5 中无序列表使用 ul 标签表示，无序列表是一个没有特定顺序的列表项的集合，每个列表项之间属于并列关系，没有先后之分，列表项之间以一个项目符号来标记。语法如下：

```
<ul type="项目符号类型">
    <li>第一项</li>
    <li>第二项</li>
    <li>第三项</li>
</ul>
```

在该语法中，使用 <ul>…</ul> 标记表示这个无序列表的开始和结束，而 <li> 则表示这是一个列表项的开始；无序列表的 type 属性用于设置列表项的符号，取值可以为 disc(默认值)、circle 或 square。

示例：使用无序列表。代码及运行效果如图 2.3 所示。

图 2.3　无序列表示例代码和效果图

2.1.2　有序列表

HTML5 中有序列表使用 ol 标签表示，有序列表是一个具有特定顺序的列表项的集合，每个列表项之间属于并列关系，且有先后顺序之分，列表项之间以编号标记。语法如下：

```
<ol type="项目符号">
    <li>第一项</li>
    <li>第二项</li>
    <li>第三项</li>
</ol>
```

在该语法中，使用 <ol>…</ol> 标记表示这个有序列表的开始和结束，而 <li> 则表示这是一个列表项的开始；有序列表的 type 属性用于设置列表项的编号，取值为 A、a、1(默认值)、i 或 I。

示例：使用有序列表。代码及运行效果如图 2.4 所示。

图 2.4　有序列表示例代码和效果图

2.1.3　定义列表

HTML5 中定义列表使用 dl 标签表示，通过 dt 标签定义列表中的所有标题，通过 dd 标签给每个标题添加描述信息。在一个 dl 定义列表中，一般只有一个 dt，而 dd 可以是 0 到多个。和 ul/li、ol/li 一样，dl 和 dt/dd 是一个组合，所以 dl 中建议只放 dt 和 dd 这两种标签作为子标签。语法如下：

```
<dl>
    <dt>标题</dt>
    <dd>说明描述 1</dd>
    <dd>说明描述 2</dd>
</dl>
```

在该语法中，使用 <dl>…</dl> 标记表示这个有序列表的开始和结束，<dt>作为列表的标题，<dd> 标签会换行显示，并在 dt 标签的左侧起始处向右缩进 40px(谷歌浏览器)的位置开始排列。

示例：定义列表的使用。运行效果如图 2.5 所示。

图 2.5　定义列表示例效果图

2.2　容器标签

2.2.1　div 标签

div 标签定义 HTML 文档的分隔(division)或部分(section)，主要用来划分 HTML 结构，有时候排列网页内容时，会将某些标签放在一起进行排列，这样就需要一个标签将它们组成一个区块，div 标签可以用作组合其他 HTML 元素的容器，而它本身并不代表页面上的任何可见元素。它的特点是：默认情况下，div 标签不与其他标签排列在一行，自己独占一行进行排列。例如在博客课程资源页面中使用 div 标签进行区块的划分，并使用 div 对页面内容进行组织，如图 2.6 所示。

图 2.6　博客课程资源页面

div 标签的语法是：

其他标签或内容

示例：使用 div 标签对页面内容进行组织，如图 2.7 所示。

图 2.7　div 标签示例效果图

参考代码如图 2.8 所示。

```
9   <body>
10      <div style="width: 300px;border:1px solid ▢#e2e2e2;">
11         <h3 style="color: ▮#135AB6;">下载排行榜          
12                        
13            <a href="#" style="color:▮black;font-size: 12px;text-decoration: none;">更多&gt;</a></h3>
14         <ol>
15            <li>宽幅长条形的FLASH动画展示广告</li>
16            <li>大红色响应式HTML5架构简单公司</li>
17            <li>纯原生态JS代码实现的图片左右</li>
18            <li>网站首页顶部自动展出广告内容</li>
19            <li>JS+FLASH实现的娱乐频道广告焦</li>
20         </ol>
21      </div>
22   </body>
```

说明：实际开发中为了增加两个元素的间距，一般不会采用添加多个空格转义符的方式。

图 2.8　示例参考代码

2.2.2　span 标签

span 标签用于对文档中的行内元素进行组合，它提供了一种将文本的一部分或者文档的一部分独立出来的方式。span 标签的特点是：多个 span 标签可以存在同一行，按照从左到右的方式进行排列；span 标签也并不代表页面上的任何可见元素，只有当它应用样式时，才会产生视觉上的变化。其语法如下：

<span> 文本 </span>

示例：使用 span 标签对页面内容进行组织，参考代码及运行效果如图 2.9 所示。

```
10
11  <body>
12      <span> <a href="#">百度</a></span>
13      <span>
14          <a href="#">新浪</a>
15          <a href="#">网易</a>
16      </span>
17  </body>
```

🌐 使用span标签对页面内容进行组…　×　＋

←　→　C　　①文件 | E:/html_code/2/demo8.html

百度 新浪 网易

使用了span标签的超链接和没有使用span标签的超链接显示效果没有任何区别

图 2.9　示例参考代码和效果图

通过上面的示例可以看出，使用 span 标签的超链接和没有使用 span 标签的超链接在页面中的显示效果没有任何区别，那么，请思考：它存在的意义是什么？

示例：span 标签应用场合。完成下面图中的标题部分，如图 2.10 所示。

图 2.10　模板分类示例效果图

示例参考代码和运行效果如图 2.11 所示。

```
11    <body>
12        <h2 style="color: #135AB2">模板分类<span style="color: #FF6600;">LIST</span></h2>
13    </body>
14
15    </html>
```

图 2.11　示例参考代码和运行效果图

2.3　HTML5 标签分类

根据标签特性，HTML5 标签可以分为三类：块级标签、行级标签、行内块标签。

2.3.1　块级标签

块级(block)标签的特点如下。

(1) 独占一行；

(2) 可以设置高(height)和宽(width)；

(3) 宽度默认是其父容器宽度的 100%；

(4) 可以容纳行级标签和其他块级标签。

常见的块级标签有 p、h1～h6、ul、li、dl、dt、dd、table、hr、div、form 等。

2.3.2　行级标签

也叫内联标签，内联(inline)标签的特点如下。

(1) 可以在一行上排列；

(2) 设置高(height)宽(width)无效，其宽高随元素内容的变化而变化；

(3) 宽度就是标签内容(文字或其他)的宽度，不可改变；

(4) 内联元素只能容纳文本或者其他内联元素。

常见的行级标签有 a、span、strong、b、u、i 等。

2.3.3　行内块标签

行内块标签特点如下。

(1) 可以在一行上排列；

(2) 通常默认宽高为标签中内容的宽高，但可以设置宽高。

常见的行内块标签有 img、input、button、texarea 等。

2.3.4 块级元素与行内元素的嵌套关系

一般在进行页面内容组织的时候，块级标签可以包含其他块级、行级、行内块标签，而行级标签内部一般不嵌入块级标签，大部分行级标签主要用来包裹文字或嵌套其他行级标签。

为了合理使用不同的标签组织元素，需要掌握网页中标签的排列方式：

1) 块级标签默认排列方式

块级标签默认占一行，可以设置宽高；在不设置宽度的情况下，块级元素的宽度等于它父级元素的宽度；在不设置高度的情况下，块级元素的高度是它本身内容的高度。

示例：在页面中排列三个 div 标签，可以看出，每个 div 标签是占满一行的，宽度等于浏览器页面的宽度，高度为内容文字的高度，如图 2.12 所示。

代码如下：

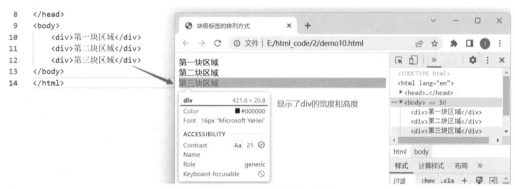

图 2.12 块级标签排列方式示例

2) 行级标签默认排列方式

行级标签默认不会独占一行，相邻的行级标签会排列在同一行，直到其父容器的宽度排不下才会换行，其宽度和高度随元素的内容变化而变化。

示例：在页面中排列三个 span 标签，可以看出，每个 span 标签是排列在一行的，其宽高为标签里面文字的高度，如图 2.13 所示。

图 2.13 行级标签排列示例

3) 块级标签可以嵌套行级标签

块级标签嵌套行级标签是对页面元素进行组织时常用的方式，例如在搭建整个网页框架的时候，一般都会进行区域划分，如页面可以分为头部、主体、底部，其中头部又可以包含 LOGO、导航等部分。对这些部分或区域常使用块级标签进行组织，如设计头部时可以使用 div 组织内容，div 内部区域可以包括一些行级元素，也可以嵌套块级元素或行内块元素。

2.3.5　块级标签和行内元素的转换

可以通过设置 CSS 的 display 的值完成块级标签、行内元素的转换。块级元素的 display 属性默认值为 block；行内元素的 display 属性默认值为 inline；行内块元素的 display 属性默认值为 inline-block。

- 转块级元素：display:block;
- 转行内元素：display:inline;
- 转行内块元素：display:inline-block;

2.4　表格标签

2.4.1　表格

表格是网页排版的灵魂，使用表格排版是现在网页的主要制作形式，通过表格可以精确控制各网页元素在网页中的位置。表格并非指网页中直观意义的表格，范围要更广一些。它既可以用于排列网页内容，也可用于组织整个网页。通过在表格中放置相应的图片或其他内容，即可有效地组合成符合设计效果的页面。

在网页中，表格常用来排列数据、表单等。例如，天涯论坛的帖子列表版块使用表格组织相关数据，如图 2.14 所示；新浪邮箱注册页面使用表格组织表单数据，如图 2.15 所示。

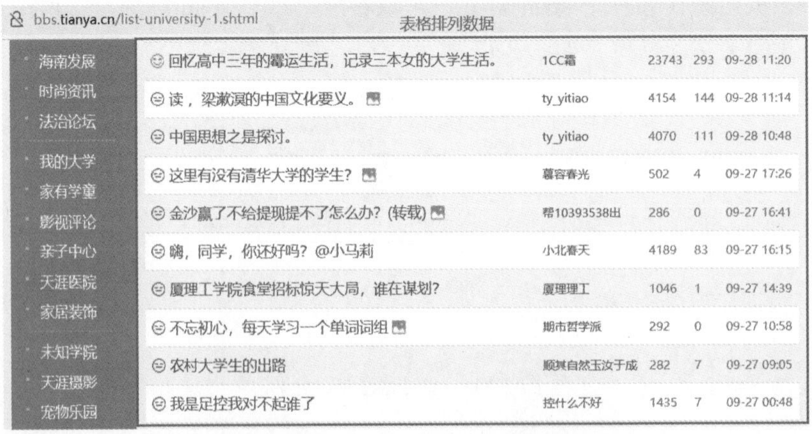

图 2.14　天涯论坛的帖子列表版块

图 2.15　新浪邮箱注册页面

2.4.1.1　创建规则表格

网页的表格显示结构与 Excel 文件的表格结构类似，表格包含行和列，每行包含若干个单元格，如图 2.16 所示。扫描图 2.16 右侧的二维码，可观看创建表格过程的视频。

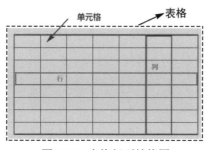

图 2.16　表格行列结构图

HTML5 的表格标签是 table，它是块级元素，会独占一行。一个完整的表格，由 table 标签、tr 标签、td 标签组成。使用 table 标签定义表格，tr 标签定义行，td 标签定义单元格。表格单元格的内容只能放在 td 标签中，不能直接放在 table 标签或者 tr 标签中；tr 行标签内容不应为空，有且最少包含一个 td 标签。其语法如下：

```
<table>
<tr>
<td>
单元格内容
</td>
......省略了多个 td 标签对
</tr>
......省略了多个 tr 标签对
</table>
```

示例：定义一个三行三列的表格。在 VSCode 中新建一个 HTML5 文档，使用 emmet 语法键入代码：table>tr*3>td*3{单元格内容}，创建表格的代码参考如下：

```
<body>
    <!-- 创建一个表格：3 行 3 列 -->
    <table>
        <!-- 第一行 -->
        <tr>
            <td>1.1 单元格内容</td>
            <td>1.2 单元格内容</td>
            <td>1.3 单元格内容</td>
        </tr>
        <!-- 第二行 -->
        <tr>
            <td>2.1 单元格内容</td>
            <td>2.2 单元格内容</td>
            <td>2.3 单元格内容</td>
        </tr>
        <!-- 第三行 -->
        <tr>
            <td>3.1 单元格内容</td>
            <td>3.2 单元格内容</td>
            <td>3.3 单元格内容</td>
        </tr>
    </table>
</body>
```

为了更清晰地显示表格的轮廓，可以为表格设置 border 属性，在上面代码的基础上为 table 标签添加 border="1"，代码如下：

```
<body>
    <!-- 创建一个表格：3 行 3 列 -->
    <table border="1">
        <!-- 第一行 -->
        <tr>
            <td>1.1 单元格内容</td>
            <td>1.2 单元格内容</td>
            <td>1.3 单元格内容</td>
        </tr>
        <!-- 第二行 -->
        ......
    </table>
</body>
```

示例运行效果如图 2.17 所示。

图 2.17　创建表格示例运行效果图 1

在上面的代码基础上，为表格添加一个宽度属性，效果如图 2.18 所示。

图 2.18　创建表格示例运行效果图 2

从上面语法可以看出，默认情况下表格有如下特点：

- 表格独占一行；
- 表格的高宽由内容的高宽决定，内容是单元格左侧对齐排列；
- 表格中每行单元格数量一致；表格中同行的各个单元格的高度一致；同列的各个单元格的宽度一致。

2.4.1.2　创建不规则表格

在网页中经常看到的一些表格，并不是以上介绍的规则表格，而是不规则的表格。它的每一行的单元格数量可能不相同，例如下图仿淘宝注册的表单最后两行便进行了表格单元格合并，如图 2.19 所示。

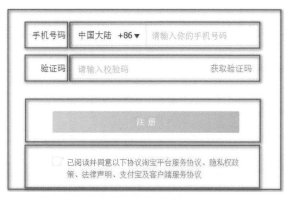

图 2.19　注册页面中的单元格合并示意图

为了能将单元格合并，需要用到以下两个单元格属性：

- colspan：跨列属性，单元格列合并。语法：<td colspan="跨列数">内容</td>，表示该单元格跨了几列。

- rowspan：跨行属性，单元格行合并。语法：<td rowspan="跨行数">内容</td>，表示该单元格跨了几行。

示例：表格跨列案例代码。参考代码及运行效果图如图2.20所示。

图2.20　表格跨列案例代码及运行效果图

示例：表格跨行案例代码。参考代码及运行效果如图2.21所示。

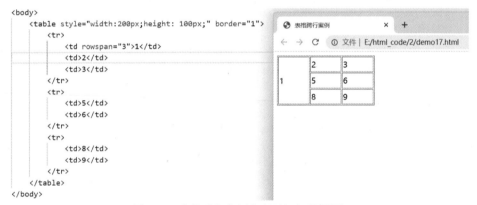

图2.21　表格跨行案例代码及运行效果图

示例：表格跨行跨列案例代码。参考代码及运行效果如图2.22所示。

```
<body>
    <table style="width:200px;height: 100px;" border="1">
        <tr>
            <td>1</td>
            <td>2</td>
            <td>3</td>
        </tr>
        <tr>
            <td>4</td>
            <td>5</td>
            <td rowspan="2">6,9</td>
        </tr>
        <tr>
            <td colspan="2">7,8</td>
        </tr>
    </table>
</body>
```

图2.22　表格跨行跨列案例代码及运行效果图

示例：制作锤子官网商城的商品展示列表页面，如图 2.23 所示，可扫描下方二维码观看示例操作视频。

图 2.23　锤子官网商城商品展示列表页面

2.4.1.3　表格相关的其他标签

1. 表格标题

在 html 中，表格标题标签是 caption，语法是：<caption>表格标题</caption>。caption 标签用于定义表格标题，必须紧跟在开始表格标签"<table>"的后边，并且每个表格只能有一个<caption>标签。其特点是：定义的表格标题默认居中显示在表格之上。

示例：为表格添加标题。参考代码及运行效果如图 2.24 所示。

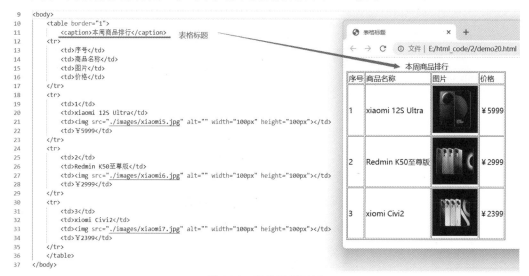

图 2.24　表格标题示例

从上面的示例可以看出，表格标题并不在表格的框线里面显示，而是在外面显示，但是 caption 标签必须紧跟在 table 标签之后，是属于表格标签内部的子标签。

2. 表头标签

HTML 的表头标签是 th，一般表头单元格位于表格的第一行，突出重要性，处于表头单元格里面的文本内容默认加粗居中显示。语法代码如下：

```
<table>
    <tr>
        <th>序号</th>
        <th>商品名称</th>
        <th>图片</th>
        <th>价格</th>
    </tr>
    ....
</table>
```

运行效果如图 2.25 所示。

序号 商品名称 图片 价格

图 2.25　表格表头示例

3. 表格的结构标签

表格用于展示数据，当数据量比较大的时候，表格可能会很长。为了更好地表示表格的语义，可以将表格分割成表格头部、主体和底部三个部分。在表格标签中，使用 thead 标签表示表格的头部区域，一般位于第一行；tbody 标签表示表格的主体区域，主要用于放数据本体；tfoot 标签表示表格的底部区域，一般用于放表格的统计信息。对小米商城列表展示页面，使用表格结构标签对区域进行划分，效果如图 2.26 所示。

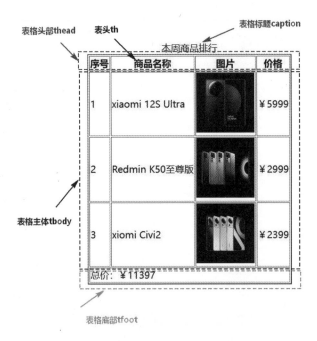

图 2.26　表格结构标签示例

需要注意的是，代码中有无上述表格结构标签并不会导致浏览器中页面显示效果不同，但代码的层次性和维护性会更好。一般在 Chorme 浏览器中会自动为表格添加一些结构标签，如 tbody 标签。

2.4.1.4　表格常用的属性

表格的大部分属性在后面的 CSS 部分会有更详细介绍，这里仅列举一些常用的属性，如表 2.1 所示。

表 2.1　表格常用属性

属性	说明	默认值
border	表格边框，0 代表无边框，≥=1 代表有边框，值越大，边框越粗	0
align	单元格内容的对齐方式。可选值：right、left、center	left
width	表格的宽度。单位是像素值 px 或者百分比	—
cellspacing	单元格之间、单元格与表格外框之间的间距	2px
cellpadding	单元格内容与单元格边框之间的空白填充	1px

1) cellspacing 属性

该属性可以统一控制单元格与单元格之间、单元格与表格外框之间的间距，参考代码及运行效果如图 2.27 所示。

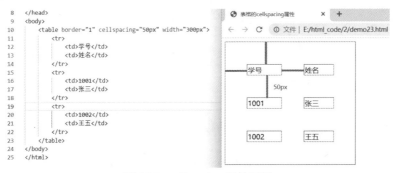

图 2.27　cellspacing 属性示例

2) cellpadding 属性

该属性统一控制每个单元格的内容与单元格边框之间的空白填充间距，参考代码及运行效果如图 2.28 所示。

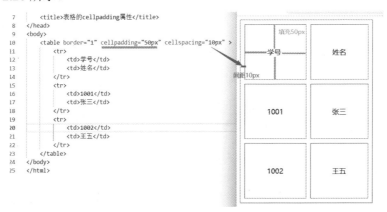

图 2.28　cellpadding 属性示例

2.4.2　表格的嵌套应用

表格嵌套是指，在一个大的表格中，可以嵌套一个或几个小的表格，即将小表格插入到大表格的某个单元格 td 中。例如下面的表格对网页内容的布局，就用到了表格嵌套。外表格是一个 2 行 4 列的表格，其中第 2 行右下角的单元格跨了 3 列，且里面嵌套了一个 1 行 2 列的内表格，如图 2.29 所示。

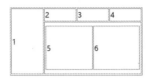

图 2.29　表格嵌套示例

示例：使用表格标签完成商品展示页面的内容排列，如图 2.30 所示。

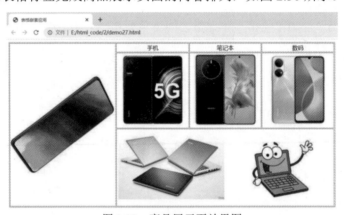

图 2.30　商品展示页效果图

参考代码如图 2.31 所示。

```html
9   <body>
10      <table border="1">
11          <tr align="center">
12              <td rowspan="3"><img src="./images/shouji5_400.jpeg" alt=""></td>
13              <td>手机</td>
14              <td>笔记本</td>
15              <td>数码</td>
16          </tr>
17          <tr>
18              <td><img src="./images/shouji1_200.jpeg" alt=""></td>
19              <td><img src="./images/shouji2_200.jpeg" alt=""></td>
20              <td><img src="./images/shouji3_200.jpeg" alt=""></td>
21          </tr>
22          <tr>
23              <td colspan="3" >
24                  <table border="0" style="width:100%;height:100px;">
25                      <tr>
26                          <td><img src="./images/bijiben1_300.jpeg" alt=""></td>
27                          <td><img src="./images/bijiben2_300.jpeg" alt=""></td>
28                      </tr>
29                  </table>
30              </td>
31          </tr>
32      </table>
33  </body>
```

图 2.31　商品展示页示例代码

📖 工作训练

工作训练1：设计博客文章归档列表

【任务需求】

根据项目原型图完成如下任务，制作博客的文章归档列表，效果如图 2.32 所示。

图 2.32　文章归档列表效果图

各部分划分如图 2.33 所示。

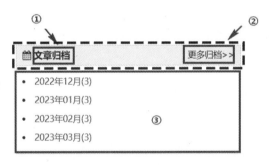

图 2.33　文章归档列表各部分划分图

【任务要求】

- 使用标题、超链接、无序列表等标签组织页面内容。
- 添加无序列表，设置宽度、项目符号。

【任务实施】

1. 分析页面上所使用的标签

根据任务要求，分析页面上各个部分能使用哪些标签，并在表 2.2 中填入你认为合理的标签名。

表 2.2　页面标签对应表

页面内容	你认为合理的标签
①	
②	
③	
虚线框部分	

2. 设计博客归档列表

(1) 设计文章归档版块的头部部分。

(2) 为头部添加样式，如字体粗细(font-weight)、颜色(color)等。

(3) 采用无序列表设计主体部分内容，列表项的内容为超链接文字。

(4) 修改主体部分超链接等样式。

(5) 在浏览器中查看页面运行效果。

实践操作：扫描右侧二维码，观看工作训练 1 的任务实施的详细操作文档。

工作训练 2：设计博客文章排行榜列表

【任务需求】

根据项目原型图完成如下任务，制作博客文章排行榜列表，页面效果如图 2.34 所示。

图 2.34　文章排行榜列表效果图

【任务要求】

● 使用标题、超链接、有序列表等标签组织页面内容。

● 添加有序列表，设置宽度、项目符号。

【任务实施】

(1) 设计文章排行榜版块的头部部分，编写头部代码，可参考工作训练 1 的头部设计。

(2) 采用有序列表设计列表主体部分内容，列表项的内容为超链接文字。

(3) 为主体部分添加样式，如颜色值#666，行距 25px，字体大小 14px。

(4) 在浏览器中查看页面运行效果。

实践操作：扫描右侧二维码，观看工作训练 2 的任务实施的详细操作文档。

工作训练 3：设计博客课程资源列表

【任务需求】

根据项目原型图完成如下任务，制作博客的课程资源列表，课程资源列表由多个如下图所示列表项组成，当前任务可以采用定义列表实现列表项，如图 2.35 所示。

图 2.35 课程资源列表效果图

【任务要求】

● 使用标题、超链接、定义列表等标签组织页面内容。

● 设置图片大小、标题、文本、字体等样式。

【任务实施】

(1) 绘制线框图。

(2) 使用定义列表组织页面内容。

(3) 为列表项添加样式，如颜色值#666，行距 20px，正文字体大小 12px，标文字体大小 14px，加粗等。

(4) 在浏览器中查看运行效果。

实践操作：扫描右侧二维码，观看工作训练 3 的任务实施的详细操作文档。

工作训练 4：完善博客内容列表页

【任务需求】

对上面实现的工作训练 1～3 的代码进行改进，添加更为丰富的样式，实现博客项目内容列表页的原型图效果。

● 完善课程列表项效果图，如图 2.36 所示。

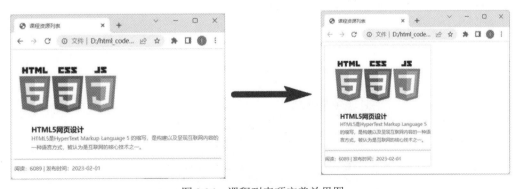

图 2.36 课程列表项完善效果图

● 完善文章排行榜的个性化序号，如图 2.37 所示。

图 2.37　文章排行榜个性化序号完善效果图

【任务要求】

● 使用 div 容器标签对列表项重构组织，并设定容器宽度。

● 使用 span 标签对文本内容进行分隔，添加字体等样式以达到个性化序号的效果。

【任务实施】

(1) 使用 div 标签对工作训练 3 的代码进行重构。

(2) 为 div 设置宽度为 350px、边框宽度为 1px、边框线型为 solid(实线)、边框颜色为灰色，值为#e2e2e2，并设置图片水平居中。

(3) 使用 span 标签对工作训练 2 的代码进行改进。

(4) 为序号添加样式，如背景色 background-color 为#f60，上下内填充 1px、左右内填充 5px。

(5) 修改项目符号样式。

(6) 在浏览器中查看页面运行效果。

实践操作：扫描右侧二维码，观看工作训练 4 的任务实施的详细操作文档。

工作训练 5：设计博客文章热门标签版块

【任务需求】

根据项目原型图完成如下任务，制作博客文章热门标签版块，效果如图 2.38 所示。

图 2.38　热门标签版块效果图

【任务要求】

- 实现三行三列的表格。
- 设置单元格之间的距离为 2px、单元格填充的距离为 5px。
- 设置单元格内容居中对齐、背景色为#f60、字体为白色 white。

【任务实施】

(1) 使用标题标签、span 标签设计标题栏。

(2) 设计一个三行三列的表格。

(3) 为表格单元格添加样式，如背景色#f60，字体颜色白色、加粗、文本居中。

(4) 设置单元格属性，如单元格间距为 2px，单元格填充为 5px。

(5) 完善整体框架结构。

(6) 在浏览器中查看页面运行效果。

实践操作：扫描右侧二维码，观看工作训练 5 的任务实施的详细操作文档。

工作训练 6：设计博客文章推荐版块

【任务需求】

根据项目原型图完成如下任务，制作博客的文章推荐版块，效果如图 2.39 所示。

图 2.39　文章推荐版块效果图

【任务要求】

- 实现 8 行 2 列的表格，设置单元格合并；
- 设置图片大小、文字样式；
- 使用字体图标、span 标签实现图标效果。(选做)

【任务实施】

(1) 设计标题栏。

(2) 设计主体部分，可使用表格。

(3) 设置图片大小，如宽 110px、高 75px，文字字体样式，如字体大小 12px。

(4) 在浏览器中查看页面运行效果。

实践操作：扫描右侧二维码，观看工作训练 6 的任务实施详细操作文档。

📖 拓展训练

拓展训练 1：设计文档资料下载列表

新建一个名为"拓展训练 1.html"的文件，结合上面所学的列表标签，完成文档资料下载列表，页面效果图如图 2.40 所示。

图 2.40 文档资料下载列表版块效果图

拓展训练 2：设计博客文章列表展示页面

新建一个名为"拓展训练 2.html"的文件，结合上面所学的列表标签，完成如图 2.41 所示的页面效果图。

图 2.41 拓展训练 2 页面效果图

📖 功能插页

【预习任务】

将各个工作训练的线框图绘制在下面，且有效标识各个部分的标签名，可以参考图 2.42。

图 2.42 线框图示意图

【问题记录】

请将学习过程中遇到的问题记录在下面。

【学习笔记】

【思维导图】

任务思维导图如图 2.43 所示，也可扫描右侧二维码查看高清思维导图。

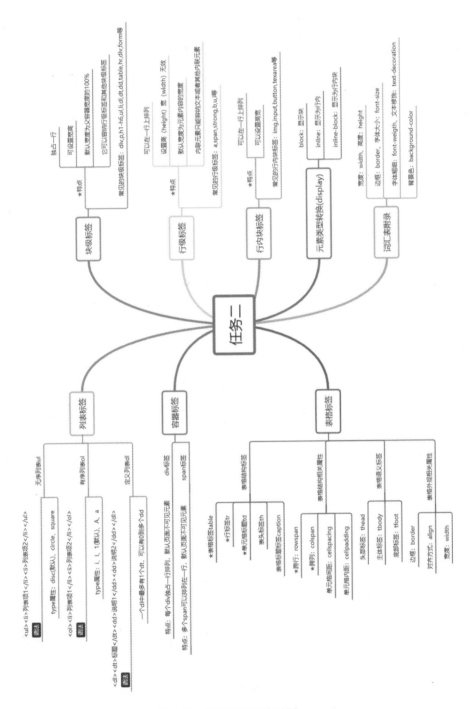

图 2.43　课程内容思维导图

设计博客登录和注册页面

📖 任务需求说明

公司需要为某客户设计博客的登录和注册页面，登录页面要求博客会员使用用户名和密码登录到博客，注册页面便于游客注册为博客会员，注册时需要填入邮箱、用户名、密码、性别等个人信息。根据 UI 设计师设计的页面原型图，需要利用 HTML5 和 CSS3 制作博客登录和注册两个页面。

📖 课程工单

博客登录页的 UI 设计图如图 3.1 所示。(请扫描二维码查看高清图片)

图 3.1　博客登录页面

博客注册页的 UI 设计图如图 3.2 所示。

图 3.2　博客注册页面

客户要求	(1) 设计的网页能适配目前大部分 PC 端电脑屏幕的尺寸，代码组织合理、结构清晰。
	(2) 登录界面简单、方便，具有清晰的操作流程、良好的交互细节。
	(3) 注册界面尽量简洁，只安排用户必须填写的资料，可填可不填的项目最好不要出现，确定要填写的项应有提示，如此项为必填项。
设计标准	(1) 代码规范、表单采用垂直布局，减少视觉移动和处理时间。
	(2) 表单设计：登录、注册表单放在页面中心位置，省略复杂或冗长的文字解释，避免转移注意力。
	(3) 采用右对齐的标签栏、右对齐的输入栏方式，为表单项添加定义标签，增强交互行。
	(4) 提交、注册等行为按钮最好高亮显示。

	任务内容	计划课时
工单任务分解	工单任务 3-1：设计博客登录页面	2 课时
	工单任务 3-2：设计博客注册页面	2 课时
	工单任务 3-3：完善登录和注册页面的验证功能	2 课时
	拓展训练 1：设计博客个人信息页面	课后
	拓展训练 2：完善个人信息页面的验证功能	课后

📖 工单任务分解

任务 3-1：设计博客登录页面

【能力目标】

① 能说出表单的组成部分；

② 能理解 post 和 get 两种提交方式的区别；

③ 学会在开发者工具中进行简单的表单测试。

【知识目标】

① 了解表单的作用；

② 了解前端和后端是如何交互与通信的；

③ 掌握常用的表单属性。

工作训练 1：设计博客登录页面

任务 3-2：设计博客注册页面

【能力目标】

① 能说出生活中常见的几种表单元素；

② 能列举出 6 个以上常用的表单元素；

③ 能正确和熟练地书写常见的表单元素代码。

【知识目标】

① 理解表单元素及其属性的含义；

② 掌握综合性表单的制作方法。

工作训练 2：设计博客注册页面

拓展训练 1：设计博客个人信息页面

任务 3-3：完善登录和注册页面的验证功能

【能力目标】

① 能阐述至少四种表单验证种类；

② 能熟练实现常用的表单验证。

【知识目标】

① 掌握 HTML5 新增的表单元素及属性；

② 了解 HTML5 表单验证的方式；

③ 掌握各类表单验证方法。

工作训练 3：完善登录和注册表单验证功能

拓展训练 2：完善个人信息页面的验证功能

📖 思政元素

(1) 通过学习利用表单实现网页之间的数据传递，我们可深入了解网页信息、资源共享、信息交换的方式，深刻感受到资源共享所带来的强大力量。在日常生活和工作中，我们应积极分享自己的知识和资源，与他人携手合作，共同创造出更大的价值。同时，通过运用 HTML 中丰富的标签和属性，我们能够自由地配置表单元素，实现多样化的功能和设计，这一过程让我们学会了创新，并锻炼了我们灵活运用各种表单功能来解决问题的能力。

(2) 通过学习 HTML5 的表单验证，我们能够认识到前端安全问题的重要性，意识到信息安全不仅是企业生存的基石，也与每个人都息息相关。作为网页开发者，我们肩负着保护用户信息安全的重任。在学习 HTML5 表单验证的过程中，我们掌握了如何设定多样化的验证规则，并深刻认识到，即使一个小小的验证规则，也是对用户信息安全的一份保障。因此，我们必须时刻保持警觉，不断学习和了解最新的安全技术和知识，以紧跟时代步伐，更加有效地保障用户的信息安全。

3.1 表单及表单元素

表单是用户与 web 站点或应用程序之间交互的主要内容之一，用户输入不同的数据，通过表单将其发送到服务器进行处理。在同一个 HTML 文档中可以包含多个表单，但每个表单在使用时不能嵌套使用。此外，一般 HTML 的表单中会包含一个或者多个部件(即表单元素)。使用表单实现的华为商城注册页面，如图 3.3 所示。

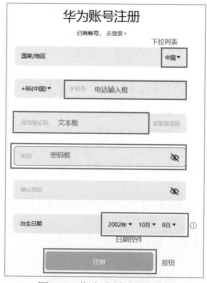

图 3.3　华为商城注册页面

3.1.1 表单标签

HTML5 中表单使用 form 标签表示，它是一个双标签，所有的表单元素都必须放在 <form></form> 之间，可以把它看作一个容器标签，它里面可以容纳表单元素；用户在不同的表单元素上输入数据，表单标签可以获取到用户的数据，并将数据发送给服务器。语法如下：

```
<form name="表单名称" action="提交地址" method="数据的提交方式">
    <!-- 里面包含若干项表单元素 -->
</form>
```

在该语法中，使用 <form>……</form> 标记表示定义了一个表单，form 表单支持一些特定的属性来配置表单的行为，但是一般认为 action 和 method 属性是至少要设置的两个属性：

- action 属性：定义了在提交表单时，应该把所收集的数据送给谁(地址或 URL)去处理，action="URL"。
- method 属性：定义了提交数据的方式，可以是 get 或 post，默认是 get 方式。

get 方式和 post 方式的区别：get 方式适合提交数据量较小的表单数据，且安全性不够，提交的数据会拼接在 URL 中，并显示在地址栏上；post 方式适合提交数据量较大的表单数据，如图片、文件等，安全性较高，提交的数据不会显示在地址栏上。

示例：使用 form 表单提交数据。

创建一个 form 表单，包含一个输入框和提交按钮，参考代码及运行效果如图 3.4 所示。

图 3.4 form 表单示例代码及运行图

当单击"登录"按钮时，页面会提交并跳转到 do_login.html 页面，效果如图 3.5 所示。

图 3.5 登录跳转后的运行图

通过在地址栏上查看该示例的页面地址，可以得出以下结论：form 表单的提交方式默认是 get。若使用 post 方式提交，提交的数据不会显示在地址栏上，参考代码及运行结果如图 3.6 所示。

图 3.6   post 方式提交运行图

3.1.2   表单元素之 input 标签

表单元素是包含在表单中用于收集用户输入信息的元素控件，表单元素种类很多，input 标签是最重要的表单元素标签，根据不同的 type 属性，可以变化为多种形态，下面一一介绍。

3.1.2.1   文本框

文本框的语法是：

```
<input type="text" name="名称" id="ID 名" value="初始值" placeholder="提示信息">
```

属性说明：

- type 属性：值为 text，代表该表单元素为文本框。
- name 属性：表单元素的名称，用于对提交到服务器后的表单数据进行标识。注意：只有设置了 name 属性的表单元素才能在提交表单时传递它们的值。
- id 属性：任何元素都有 id 属性，是元素的唯一标识，类似元素的身份证号，因此在同一个 HTML 文档中 id 值不能重复。
- value 属性：文本框显示的初始值。
- placeholder 属性：提供可描述输入字段预期值的提示信息，该提示会在输入字段为空时显示，并会在字段获得焦点时消失。

示例：创建一个文本框。参考代码及运行效果如图 3.7 所示。

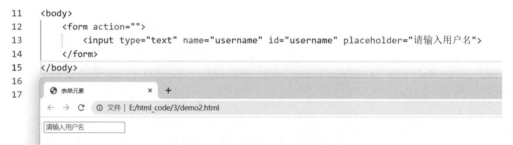

图 3.7   文本框案例代码及运行图 1

如果要设置初始值 value，则 placeholder 属性便会失效，参考代码及运行效果如图 3.8
所示。

图 3.8 文本框案例代码及运行图 2

3.1.2.2 密码框

密码框的语法如下。

<input type="password" name="名称" id="ID 名" value="初始值" placeholder="提示信息">

属性说明请参考 3.1.2.1 节的文本框说明。

示例：创建密码框，参考代码及运行效果如图 3.9 所示。

```
<form action="" method="post">
    <input type="password" name="mima" id="mima" placeholder="请输入密码">
</form>
```

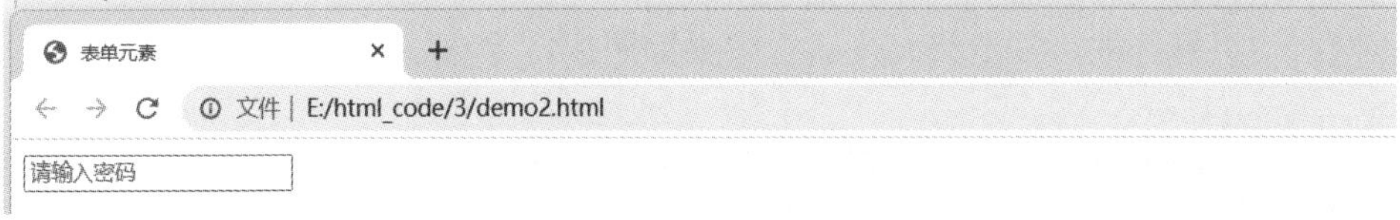

图 3.9 密码框案例代码及运行图

3.1.2.3 单选框

单选框的语法如下。

<input type="radio" name="名称" id="ID 名" value="初始值" checked>

属性说明：

- type 属性：值为 radio，代表该表单元素为单选框。
- checked 属性：该属性规定在页面初始化显示时被默认选中的表单元素。
- name 属性：除了文本框、密码框中 name 属性有相同的含义外，name 属性在单选
  框中还有一个重要作用，name 值相同代表将多个单选框归为同一组，同一组的意
  思是：同一组内若干个单选框只能有一个单选框被选中。

示例：使用单选框。参考代码及运行效果如图 3.10 所示。

```
<body>
    <form action="">
        <input type="radio" name="sex" id="male" value="male" checked >男
        <input type="radio" name="sex" id="male" value="female">女
    </form>
</body>
```

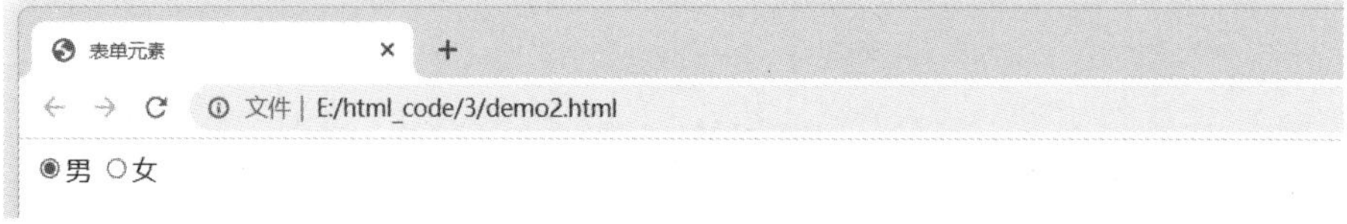

图 3.10　单选框案例代码及运行图

3.1.2.4　复选框

复选框的语法如下。

```
<input type="checkbox" name="名称" id="ID 名" value="初始值" checked>
```

属性说明：

- type 属性：值为 checkbox，代表该表单元素为复选框。
- checked 属性：该属性规定在页面初始化显示时被默认选中的表单元素。
- name 属性：除了文本框、密码框中 name 属性有相同的含义外，同一主题或区域的复选框，会设置相同的 name 属性，这样提交表单的时候可以将数据组织成一个数组提交。

示例：使用复选框。参考代码及运行效果如图 3.11 所示。

```
<form action="">
    爱好: <input type="checkbox" name="hobby" id="music" value="music" checked>音乐
    <input type="checkbox" name="hobby" id="basketboll" value="basketboll">篮球
    <input type="checkbox" name="hobby" id="reading" value="reading" checked>阅读
</form>
```

图 3.11　复选框案例代码及运行图

3.1.2.5　提交按钮

提交按钮的语法如下。

```
<input type="submit" name="名称" id="ID 名" value="显示文本" >
```

说明：

- 提交按钮的作用是提交表单，将表单数据发送到 action 指定的地址，或刷新本页面。

示例：使用提交按钮。参考代码及运行效果如图 3.12 所示。

```
<form action="" method="post">
    <input type="text" name="username" id="username" placeholder="请输入用户名"><br>
    <input type="password" name="mima" id="mima" placeholder="请输入密码"><br>
    <input type="submit" value="提交">
</form>
```

图 3.12　提交按钮案例代码及运行图

3.1.2.6　重置按钮

重置按钮的语法如下。

<input type="reset" name="名称" id="ID 名" value="显示文本" >

重置按钮的作用是复位表单，将表单数据还原为页面初始化加载时的状态。

示例：使用重置按钮。参考代码及运行效果如图 3.13 所示。

```
<form action="" method="post">
    <input type="text" name="username" id="username" placeholder="请输入用户名"><br>
    <input type="password" name="mima" id="mima" placeholder="请输入密码"><br>
    <input type="submit" value="提交"> <input type="reset" value="重置">
</form>
```

图 3.13　重置按钮案例代码及运行图

3.1.2.7　普通按钮

普通按钮的语法如下。

<input type="button" name="名称" id="ID 名" value="显示文本" >

普通按钮的外观看似按钮，但没有提交表单的功能。

示例：使用普通按钮。参考代码及运行效果如图 3.14 所示。

```
<form action="" method="post">
    <input type="text" name="username" id="username" placeholder="请输入用户名"><br>
    <input type="password" name="mima" id="mima" placeholder="请输入密码"><br>
    <input type="submit" value="提交"> <input type="reset" value="重置">
    <input type="button" value="普通按钮">
</form>
```

图 3.14　普通按钮案例代码及运行图

3.1.2.8　图片按钮

图片按钮的语法如下。

```
<input type="image" src="图片路径">
```

说明：

- src 属性：设置图片按钮中图片的路径，建议使用相对路径。
- 图片按钮外观似图片，也有提交表单的功能。

示例：使用图片按钮。参考代码及运行效果如图 3.15 所示。

图 3.15　图片按钮案例代码及运行图

3.1.2.9　文件域

文件域在上传文件时常常被用到，它用于查找磁盘中的文件路径，然后通过表单上传选中的文件。在设置电子邮件的附件、上传头像、发送文件的时候常常会看到这一控件。文件域的语法是：

```
<input type="file" name="名称" id="ID 名">
```

示例：使用文件域。参考代码及运行效果如图 3.16 所示。

图 3.16　文件域案例代码及运行图

此外，HTML5 为文件域新增了下列两个属性：

- multiple 属性，设置文件域是否能够同时选择多个要上传的文件。
- accept 属性，用于在文件域选择本地文件时对文件类型进行筛选。该属性取值为 MIME 类型，以确定弹出的资源管理器只显示 accept 指定类型的文件。

小提示

　　一个表单若具备文件传递性能，必须将表单的 enctype 属性值设置为 multipart/form-data。

示例代码如下：

```
<form method="post" action="uploadFile" enctype="multipart/form-data">
    <input type="file" class="my_file" name="my_file" multiple accept="image/jpeg" />
</form>
```

3.1.2.10 隐藏域

HTML 隐藏域指的是网页中用户不可见的表单元素，可用来保存或发送一些数据，以便被程序使用。其语法如下：

```
<input type="hidden" name="名称" value="值">
```

示例：使用隐藏域。参考代码及运行效果如图 3.17 所示。

图 3.17　隐藏域案例代码及运行图

3.1.3 表单元素之 select 标签

　　select 标签用于定义下拉列表，默认状态下只显示一个选项，只有单击下拉按钮才能看到全部的选项。一个完整的下拉列表是由 select 标签和 option 标签组成的，select 标签用于定义下拉列表，option 标签用于定义列表项，一个 select 标签中可包含 1 个或多个列表项。其语法如下：

```
<select name="名称" id="ID 名">
    <option value="实际值 1">显示值 1</option>
    <option value="实际值 2" selected>显示值 2</option>
    <option value="实际值 3">显示值 3</option>
</select>
```

属性说明：

- value 属性：定义当下拉列表在提交时，发送给服务器的值。value 值并不会显示在页面上。

- selected 属性：规定在页面初始化显示时被默认选中的列表项。

示例：使用下拉列表。参考代码及运行效果如图 3.18 所示。

```html
<form action="" method="post">
    所在城市：
    <select name="city" id="city">
        <option value="changsha">长沙市</option>
        <option value="yueyang" selected>岳阳市</option>
        <option value="zhuzhou">株洲</option>
    </select>
</form>
```

图 3.18　下拉列表案例代码及运行图

3.1.3.1　下拉列表的 size 属性

下拉列表默认状态下只显示一个选项。如果需要让页面显示多个选项，就要使用 size 属性。

示例：size 属性用法。参考代码及运行效果如图 3.19 所示。

```html
<form action="" method="post">
    所在城市：
    <select name="city" id="city" size="3">
        <option value="changsha">长沙市</option>
        <option value="yueyang" selected>岳阳市</option>
        <option value="zhuzhou">株洲</option>
    </select>
</form>
```

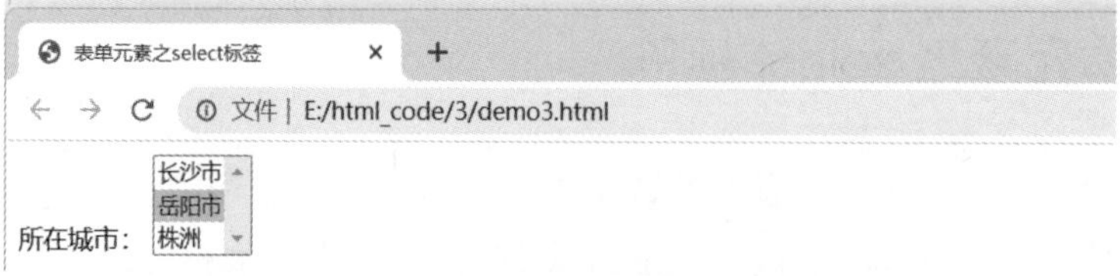

图 3.19　下拉列表 size 属性代码及运行图

 小提示

不同的浏览器，下拉列表的外观会稍有差别。

3.1.3.2　下拉列表的 multiple 属性

下拉列表默认只允许选择一个选项，如果允许用户选择多个选项，就要用到 multiple 属性。当 multiple 属性值等于 multiple 时，表示允许用户选择多个选项。

示例：multiple 属性用法。参考代码及运行效果如图 3.20 所示。

```html
<form action="" method="post">
    所在城市：
    <select name="city" id="city" multiple="multiple" size="3">
        <option value="changsha">长沙市</option>
        <option value="yueyang">岳阳市</option>
        <option value="zhuzhou">株洲</option>
    </select>
</form>
```

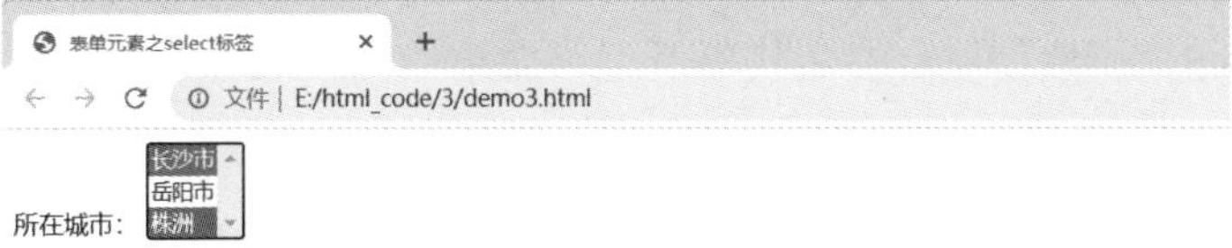

图 3.20 下拉列表 multiple 属性案例代码及运行图

注意以下两点：

- 未使用 mulitple 属性的下拉列表，size 默认为 1；而使用了 mulitple 属性的下拉列表，size 默认为 4，可以通过设置 size 值来更改默认值。
- 使用 ctrl+鼠标左键可以选择多个选项。multiple="multiple"可以简写为 multiple。

3.1.4 表单元素之 textarea 标签

HTML 中的文本域使用 textarea 标签定义，也称为多行文本框。它包含起始标签和结束标签，文本内容需要写在两个标签中间。语法如下：

```html
<textarea name="名称" id="ID 名" cols="列字符数" rows="行数">
 <!-- 文本内容放在标签中间 -->
</textarea>
```

属性说明：

- cols 属性：定义一行所包含的字符个数。如 cols="30"，表示一行最多包含 30 个字符。
- rows 属性：定义文本域可显示的行数，例如 rows="10"，表示默认显示 10 行，超过 10 行会出现垂直方向的滚动条。

示例：使用 textarea 标签。参考代码及运行效果如图 3.21 所示。

图 3.21 文本域案例代码及运行图

3.1.5 表单元素的其他属性说明

3.1.5.1 readonly 属性

readonly 属性规定该表单元素只读，只读的表单元素是不能修改的。一般可以用在 input 标签和 textarea 标签上，而 select/button 这种表单元素不支持 readonly。

示例：readonly 属性用法。参考代码及运行效果如图 3.22 所示。

```html
<body>
    <form action="" method="post">
        <input type="text" name="username" id="username" value="admin" readonly>
    </form>
</body>
```

图 3.22　readonly 属性案例代码及运行图

 小提示

对应用了 readonly 属性的表单元素的显示效果不会添加灰色状态，其数据仍可以被提交到服务器。

3.1.5.2 disabled 属性

给某个表单元素设置 disabled 属性，意味着禁用该表单元素，使其不能再获得焦点或被修改，在页面显示效果会成为灰色状态，该元素的值不会提交到服务器。input 标签、select 标签等都可以设置 disabled 属性。

示例：disabled 属性用法。参考代码及运行效果如图 3.23 所示。

```html
<form action="" method="post">
    <input type="text" name="username" id="username" value="admin" disabled>
    <br>
    所在城市：
    <select name="city" id="city" multiple="multiple" size="3">
        <option value="changsha">长沙市</option>
        <option value="yueyang">岳阳市</option>
        <option value="zhuzhou" disabled>株洲</option>
    </select>
</form>
```

图 3.23　disabled 属性案例代码及运行图

3.1.5.3　autocomplete 属性

autocomplete 是 HTML5 新增的属性，表示自动填充。在 input 元素中 autocomplete 属性是默认开启的，on 表示开启，off 表示关闭。当用户在输入框开始键入内容时，浏览器会基于之前键入的值，自动完成并允许浏览器对字段的输入，这些之前的值需要放在表单内，同时加上 name 属性，并且成功提交才会出现在记录中。autocomplete 适用<form>，以及<input>类型的 text、search、url、tel、email、password、date、range、color 等。语法如下：

```
<input type="text" name="username" autocomplete="on">
```

示例：autocomplete 属性用法。参考代码及运行效果如图 3.24 所示。

图 3.24　autocomplete 属性案例代码及运行图

3.2　表单验证

HTML5 引入了内置表单验证的功能支持，在表单提交到服务器之前会检查用户输入的数据是否有效，若无效，则不会提交到表单，并弹出提示消息。这种方式是用户体验的优化，但它仍不能取代服务器端的验证，重要数据还要依赖于服务器端的验证。

3.2.1　类型验证

HTML5 新增了一些 type 类型对表单元素进行验证，新的类型不仅可以代表不同的表单元素类型，也能提供一些默认的验证功能，如表 3.1 所示。

表 3.1　HTML5 新增表单元素类型

type 类型的值	说明
datetime-local	定义包含日期和时间的控件(包括年、月、日、时、分、秒、几分之一秒)
time	定义用于输入时间的控件
week	定义包含年份和星期的控件
month	定义包含年份和月份的控件
url	定义用于输入 URL 的文本字段
number	定义用于输入数字的字段

(续表)

type 类型的值	说明
range	定义用于控制数值范围的自定义滑动条控件
tel	定义用于输入电话号码的字段
search	定义用于输入搜索字符串的文本字段
email	定义用于输入 e-mail 地址的字段
date	定义包含年、月、日的日历控件

语法示例如下:

```
<form action="success.html" method="post">
    日期和时间的控件: <input type="datetime-local" name="sj" id="sj"><br>
    年份和星期的控件:<input type="week" name="week" id="week"><br>
    时间控件:<input type="time" name="time" id="time"><br>
    年份和月份的控件:<input type="month" name="month" id="month"><br>
    输入 URL 的字段:<input type="url" name="url" id="url"><br>
    输入数字的字段:<input type="number" name="num" id="num"><br>
    自定义滑动条控件:<input type="range" name="num_range" id="num_range"><br>
    输入电话的字段:<input type="tel" name="phone" id="phone"><br>
    输入搜索字符串的字段:<input type="search" name="search" id="search"><br>
    输入邮箱的字段:<input type="email" name="email" id="email"><br>
    <input type="submit" value="提交">
</form>
```

示例:使用 HTML5 新增表单元素类型。运行效果如图 3.25 所示。

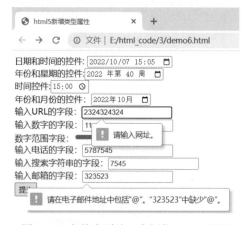

图 3.25　表单类型验证案例代码及运行图

说明:

● type 为 tel 的元素用于定义输入电话号码的字段,但浏览器不会自动验证它的格式,因为各地的电话号码格式差别很大。该元素在 PC 端的功能和显示外观上与类型为 text 的表单元素一致,但在移动端,会为用户提供输入电话号码的自定义数字键盘,使用起来比较方便。

- type 为 search 的元素在功能和显示外观上与类型为 text 的表单元素一致，只是输入框右侧有个删除符号，如图 3.26 所示。

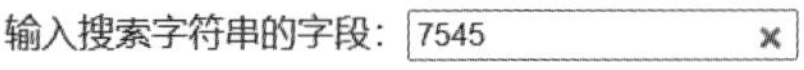

输入搜索字符串的字段： 7545　　　　　　✕

图 3.26　搜索类型表单元素效果图

- 关于浏览器的兼容性问题。不同的浏览器对这些元素呈现的外观不一致，支持情况如表 3.2 所示。

表 3.2　浏览器对于新增表单类型的支持情况

浏览器	说明
IE	不支持 date、datetime-local、month、week、time
Firefox	不支持 month、week、search
Chrome	表 3.1 中列出的都支持

3.2.2　必填验证

HTML5 自带非空验证功能，使用 required 属性可以实现必填验证，它规定必须在提交表单之前填写表单元素数据。该属性适用于以下类型：text、checkbox、radio、url、tel、number、file、date、month、week、time、search 等。

示例：为文本框添加必填验证。参考代码及运行效果如图 3.27 所示。

图 3.27　表单必填验证案例代码及运行图

3.2.3　长度或范围验证

在 HTML5 中，长度验证主要用于验证用户输入的值的长度是否符合要求；范围验证主要用于验证用户输入的值是否在指定范围之间。

3.2.3.1　长度验证

在 HTML5 中使用 maxlength 属性可以规定输入字段的最大字符长度，使用 minlength 属性可以规定输入字段的最小字符长度，值均为整数，适用于 type 为 text 的 input 元素、textarea 元素中。语法示例如下：

```
<form action="success.html" method="post">
    <input type="text" name="username" id="username" maxlength="10" minlength="2">
    <input type="submit" value="提交">
</form>
```

示例：表单元素设置长度验证。参考代码及运行效果如图 3.28 所示。

图 3.28　表单长度验证案例代码及运行图

 小提示

用户输入字符数超过 10 后，便无法再将字符输入字段中。若输入的字符长度小于 minlength 值，则提交表单时会提示消息并阻止提交到服务器。

3.2.3.2　范围验证

1) min 属性和 max 属性

min 属性规定输入字段所允许的最小值，max 属性规定输入字段所允许的最大值，可适用于以下 input 类型：number、range、date、datetime、datetime-local、month、time 和 week。

示例：min 属性和 max 属性的使用。参考代码及运行效果如图 3.29 所示。

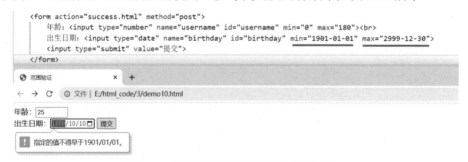

图 3.29　表单范围验证案例代码及运行图 1

 小提示

如果指定了 min 属性或 max 属性，则值必须是一个有效的日期字符串。格式为 YYYY-MM-DD"，如 "2003-02-01"。

2) step 属性

step 属性规定<input>元素的合法数字间隔，也称步长或差值，其值可以为整数或小数值，step 属性适用于下面的 input 类型：number、range、date、datetime、datetime-local、month、time 和 week。

示例：step 属性的使用。参考代码及运行效果如图 3.30 所示。

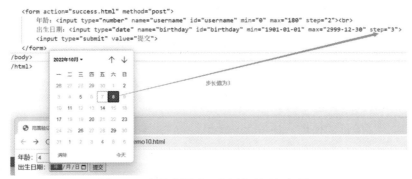

图 3.30　表单范围验证案例代码及运行图 2

3.2.4　正则表达式验证

在 HTML5 中，pattern 属性规定用于验证输入内容的正则表达式，要求用户必须按正则表达式的规则输入信息，以免输入错误信息。pattern 属性适用于以下 <input> 类型：text、search、url、tel、email、password 等。其语法如下：

```
<input    pattern="正则表达式">
```

示例：验证一个手机号码是否为有效的 11 位数字，可以使用正则表达式：^1[3-9]\d{9}$。这个正则表达式的含义是：字符串以数字 1 开头，第二位是 3 到 9 之间的数字，后面跟着 9 个数字字符，总共 11 位数字。参考代码及运行效果如图 3.31 所示。

图 3.31　表单正则表达式验证案例代码及运行图

3.2.5 自定义验证

HTML5 自带的表单验证给前端开发带来了诸多便利，但是其默认的提示并不友好，可以通过 setCustomValidity 方法来设置自定义验证信息，当输入的内容不符合预定的格式时更准确地提示给用户。一般配合两个事件属性一起使用：

- oninvaild 事件属性：当提交的表单的值验证不通过时，触发这个事件。
- oninput 事件属性：监听当前指定元素内容的改变，只要内容改变，就会触发这个事件。

这样可以结合 setCustomValidity 方法，当用户输入信息时，使用 setCustomValidity("")将错误提示设置为空字符串；当用户输入信息不合法时，使用 setCustomValidity("自定义消息")来设置提示消息。

示例：自定义验证的使用。参考代码及运行效果如图 3.32 所示。

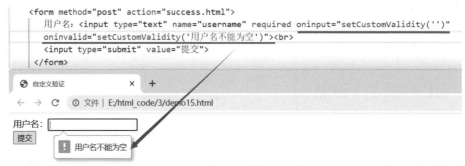

图 3.32 表单自定义验证案例代码及运行图

多学一招：

HTML5 提供了很多验证方式，如果不需要这种方式的验证，也可以取消验证。大家可以扫描右侧二维码了解取消验证的方法。

📖 工作训练

工作训练 1：设计博客登录页面

【任务需求】
根据项目原型图完成如下任务，制作博客的登录页面，页面效果如图 3.33 所示。

图 3.33 登录页面效果图

【任务要求】

- 使用 div、表单、表格等标签组织页面内容；
- 对表单添加固定的宽度；
- 表单元素的样式尽可能统一：如输入框的边框、宽度、高度等；
- 设置表格行距、图片高度、对齐方式等样式。

【任务实施】

(1) 绘制任务原型图的线框图。

(2) 设计标题栏。

(3) 设计表单主体部分，可使用表格标签或 div 标签进行内容布局。注意：表单元素一定要包含在 form 标签之内，可能使用到的表单元素有文本框、密码框、提交按钮等。

(4) 添加样式，可设置图片高度、对齐方式、表单元素统一边框、高度等样式。

(5) 设计底部部分。

(6) 在浏览器中查看运行效果。

实践操作：扫描右侧二维码，观看工作训练 1 的任务实施的详细操作文档。

工作训练 2：设计博客注册页面

【任务需求】

根据项目原型图制作完成博客的注册页面，页面效果如图 3.34 所示。

会员注册

注册新用户

用户名:	
Email:	
密码:	
确认密码:	
性别:	◉男 ○女
所在地区:	--省-- ∨ --市区-- ∨
验证码:	

☐是否同意用户协议

注册　　取消

已有账号？点击登录　QQ登录

返回首页

图 3.34 注册页面效果图

【任务要求】

- 使用 div、表单、表格等标签组织页面内容；
- 对表单添加固定的宽度，添加 fieldset 和 legend 标签；
- 表单元素的样式尽可能统一：如输入框的边框、宽度、高度等；
- 设置表格行距、按钮高亮、图片高度、对齐方式等样式。

【任务实施】

(1) 绘制任务原型图的线框图；

(2) 设计标题栏；

(3) 设计表单主体部分，建议使用表格标签进行内容布局。注意：表单元素一定要包含在 form 标签之内，可能使用到的表单元素有文本框、密码框、单选框、复选框、下列列表、提交按钮等；

(4) 添加样式，可设置图片高度、对齐方式、表单元素统一边框、高度等样式。

(5) 设计底部部分。

(6) 在浏览器中查看运行效果。

实践操作：扫描右侧二维码，观看工作训练 2 的任务实施的详细操作文档。

工作训练 3：完善登录、注册页面的验证功能

【任务需求】

在工作训练 1 和工作训练 2 的基础上，完善博客的登录、注册页面的验证功能。

【任务要求】

登录页面的具体验证要求如下：

(1) 必须输入用户名。

(2) 必须输入密码。

(3) 当验证出现错误时，通过自定义错误消息显示错误信息。

注册页面的具体验证要求如下：

(1) 必须输入用户名。

(2) 必须输入 E-mail，且必须符合邮箱格式。

(3) 必须输入密码。

(4) 必须输入确认密码。

(5) 验证码不能为空。

(6) 当验证出现错误时，通过自定义错误消息显示错误信息。

【任务实施】

(1) 分别将工作训练1和工作训练2的代码文件重命名为renwu3_1.html 和 renwu3_2.html。

(2) 根据任务要求采用合适的表单验证类型对代码进行登录页面的验证，效果如图 3.35 和图 3.36 所示，注册页面的验证效果如图 3.37 所示。

图 3.35　用户名非空验证示意图

图 3.36　密码非空验证示意图

图 3.37　注册页面验证示意图

(3) 在浏览器中查看运行效果。

实践操作：扫描右侧二维码，观看工作训练 3 的任务实施详细操作文档。

📖 拓展训练

拓展训练 1：设计博客个人信息页面

结合所学的表单标签、表单元素标签制作下面的综合案例。新建一个名为：拓展训练 1.html 的 HTML5 文件，运行效果如图 3.38 所示。

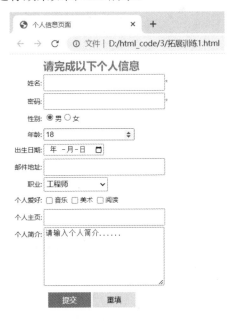

图 3.38　个人信息页面运行效果图

拓展训练 2: 完善个人信息页面的验证功能

在拓展训练 1 的基础上,完善博客个人信息页面的验证功能,要求如下:

(1) 必须输入姓名和密码,姓名验证效果如图 3.39 所示。

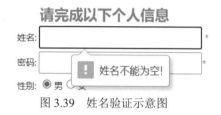

图 3.39 姓名验证示意图

(2) 必须输入年龄,且为 18~100 之间的数字,如图 3.40 所示。

图 3.40 年龄验证示意图

(3) 生日必须符合日期要求。

(4) 个人主页必须符合 url 格式要求,如图 3.41 所示。

图 3.41 个人主页验证示意图

(5) 电子邮箱必须符合 E-mail 格式要求。

(6) 当验证出现错误时,通过自定义错误消息显示错误信息。

📖 功能插页

- -

【预习任务】

将工作训练 1 和工作训练 2 页面中的所使用到的表单元素标签信息填入表 3.3 中,书写其简要语法即可。

表 3.3 填入表单元素

页面内容	表单元素信息
工作训练 1	示例:文本框,<input type="text">

(续表)

页面内容	表单元素信息
工作训练 2	

【问题记录】

请将学习过程中遇到的问题记录在下面。

【学习笔记】

【思维导图】

任务思维导图如图 3.42 所示，也可扫描右侧二维码查看高清思维导图。

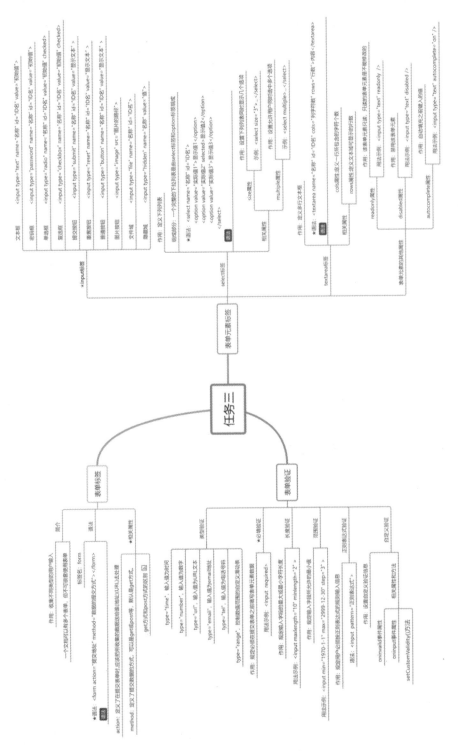

图 3.42 课程内容思维导图

任务
四

设计博客内容列表页

📖 任务需求说明

在任务二中，公司为客户设计了一个博客课程资源内容页，为了实现页面中更丰富的元素效果，便于后期维护页面，需要使用 CSS3 对页面进行美化。

📖 课程工单

博客课程资源内容页的 UI 设计图如图 4.1 所示。(请扫描二维码查看高清图片)

图 4.1　课程资源页面设计图

客户要求	(1) 项目需要单独组织 CSS 目录、CSS 文档组织规范、结构清晰； (2) CSS 命名规范、代码规范、可读性好，要求必须有大区块样式的注释，对小区块适量注释； (3) 尽量避免和处理浏览器的 CSS 兼容性问题。
设计标准	(1) 文档组织规范，CSS 文件以英文命名，公共模块样式建议使用 common.cs 命名，其他页面的样式以页面文件名.css 命名； (2) 类名、ID 名等命名规范，要语义化、简明化，长名称或词组可以使用中横线为选择器命名，不建议使用_下画线来命名 CSS 选择器； (3) 尽量避免使用行内样式(即 style=" ")或行间属性，推荐使用 link 引入外部样式，保证结构与表现分离； (4) CSS 样式属性和值尽量都采用小写； (5) 尽量减少选择器的层级，最好不要超过四级； (6) 尽量增加样式的复用性，多次使用样式可以写成通用类样式；ID 选择器按需使用，不能滥用。

	任务内容	计划课时
工单任务分解	工单任务 4-1：美化博客文章内容页的导航链接	2 课时
	工单任务 4-2：美化博客热门标签版块	2 课时
	工单任务 4-3：设计"站内搜索"版块	2 课时
	工单任务 4-4：设计"我的课程"版块	2 课时
	拓展训练 1：美化博客文章排行榜列表	课后
	拓展训练 2：美化博客文章排行榜列表	课后

📖 工单任务分解

任务 4-1：美化博客文章内容页的导航链接

【能力目标】
① 能阐述 CSS 样式引入方法的优缺点；
② 能够在 HTML 页面中以多种方式引入 CSS；
③ 能根据实际需求进行 CSS 样式的定义和应用。

【知识目标】
① 认识 CSS 样式表的作用和意义；
② 掌握 CSS 样式规则；
③ 掌握引入 CSS 样式的方法。
工作训练 1：美化博客文章内容页的导航链接

任务 4-2：美化博客热门标签版块

【能力目标】
① 能熟练书写基本选择器的 CSS 代码；
② 能灵活运用基本选择器美化页面元素。

【知识目标】
① 掌握标签选择器、ID 选择器和类选择器的基本用法；
② 了解交集选择器、并集选择器的基本用法。
工作训练 2：设计博客热门标签版块
拓展训练 1：美化博客文章排行榜列表

任务 4-3：制作"站内搜索"版块

【能力目标】
① 能够灵活运用关系选择器美化页面元素；

② 能够准确判断元素与元素间的关系。

【知识目标】

① 掌握 CSS3 的各种选择器的语法；

② 理解关系选择器的用法。

工作训练 3：设计博客的热门文章列表

任务 4-4：设计"我的课程"版块

【能力目标】

① 能灵活运用伪类选择器美化页面元素；

② 能使用 CSS 伪类选择器实现超链接特效。

【知识目标】

① 掌握 CSS 的三大特性；

② 掌握 CSS 伪类选择器的用法。

工作训练 4：制作"我的课程"版块

拓展训练 2：美化博客文章排行榜列表

📖 思政元素

(1) 通过学习 CSS 语法，我们能够学会严格按照语法规则来编写代码，这不仅让网页作品变得更加美观且功能全面，更重要的是，在此过程中培养起了尊重规则、遵守纪律的良好习惯。通过具体案例的实践，我们可以直观地感受到遵守语法规则的重要性，进而意识到在工作中应当严格遵守企业的各项规章制度，在生活中也应当遵循社会的各种法律法规。

(2) 运用 CSS 中的多种选择器来精确选取并设计元素，可使我们深刻体会到细心与耐心的重要性。每一个选择器的选用、每一个参数的设定，都需要经过深思熟虑和反复测试，以确保最终效果的完美无瑕。这种细心与耐心促使我们不断追求卓越，精益求精。

4.1 CSS 简介

CSS(Cascading Style Sheets，层叠样式表)，是用来定义 HTML 网页样式(如颜色、边框、字体、位置等)的一种语言，CSS 文件的扩展名为.css。目前主流的 CSS 版本为 CSS3。在前面我们学习的 HTML 标签中，有些修改元素外观的代码是以属性的形式加入到标签中的，例如<table border="1">可以为表格添加默认边框，这种方式将网页内容的组织和样式美化耦合在一起，不利于后期的维护与扩展。CSS 则是一种既能编写 HTML 样式，又能做到网页结构和表现分离的标记语言。其主要优势有：

(1) 丰富的样式外观，能美化页面。

(2) 精确定制页面布局。

(3) 可复用，页面风格统一。

(4) 结构和样式分离，HTML 用于结构组织，CSS 用于样式，易于使用和维护。

下面以小米商城的案例展示应用 CSS 前后的效果对比，如图 4.2 所示。

图 4.2　小米商城应用 CSS 前后对比效果图

例如，在清明节全国致敬英雄，为了表示哀悼，很多网站的首页换成了黑白色，如果用前面所学处理元素外观的方式将整个网站所有页面的所有内容逐一替换样式，将文字、图像和按钮等都处理成灰色，工作量巨大，利用 CSS 就可以轻松解决这种问题，维护起来非常方便。处理后的小米商城页面效果如图 4.3 所示。

图 4.3　黑白调小米商城 CSS 处理后的效果图

4.1.1　CSS 基本语法

CSS 由一系列样式规则组成，这些规则告诉浏览器该如何呈现 HTML 文档中的各个元素。CSS 基本语法包括以下几条：

(1) CSS 规则由选择器和一条或多条声明两个部分组成，使用花括号包围声明；

(2) 选择器指选择元素的方式，就是通过何种方式来选择需要改变样式的 HTML 元素；

(3) 每条声明由一个属性和一个值组成，多条声明使用分号间隔；

(4) 属性和属性值被英文冒号分隔开。

语法代码如下：

```
选择器{
    属性 1: 属性值 1;
    属性 2: 属性值 2;
        ......
}
```

其中语法中的属性只能使用 CSS 定义好的属性名，不能自己随意定义；属性值的类型较多，其说明如图 4.4 所示。

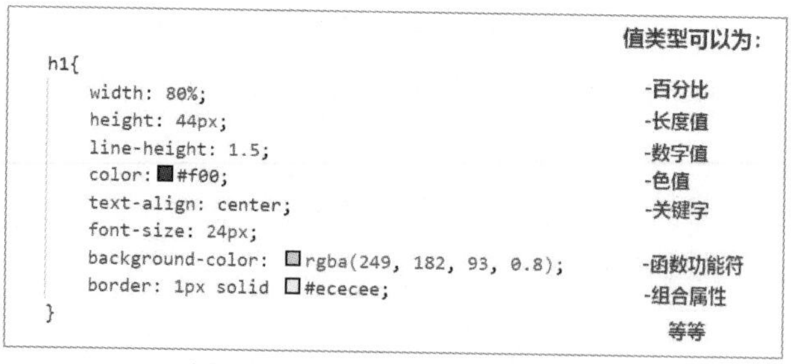

```
h1{                                          值类型可以为：
    width: 80%;                              -百分比
    height: 44px;                            -长度值
    line-height: 1.5;                        -数字值
    color: ■#f00;                            -色值
    text-align: center;                      -关键字
    font-size: 24px;
    background-color: □rgba(249, 182, 93, 0.8);   -函数功能符
    border: 1px solid □#ececee;              -组合属性
}                                                等等
```

图 4.4　CSS 属性值类型示意图

示例：给 h1 设置字体颜色为红色，字体大小为 14px。参考代码如下：

```
h1{
    color:red;
    font-size: 14px;
}
```

这段代码的中 h1 是选择器，color 和 font-size 分别代表字体颜色属性和字体大小属性，red 和 14px 是其属性对应的值，分别为红色和 14 像素。

CSS 的书写规范如下。

(1) 应有缩进，格式化代码；

(2) 每条声明语句后面以分号结尾，且独占一行；

(3) 虽然 CSS 不区分大小写，但建议使用小写；

(4) CSS 各个属性建议的书写顺序为：位置、大小边距、文字、背景、其他属性；

(5) 为代码添加注释，增强代码可读性。

4.1.2 CSS 样式种类

CSS 样式主要包含三种类型：行内样式、内嵌样式和外部样式，这三种类型的样式应用场合不同，引入方式也不相同。

4.1.2.1 行内样式

行内样式是书写在标签内的样式，在标签内部添加 style 属性，将 CSS 规则的一条声明或多条声明以属性值的方式添加，使用双引号或单引号括起来，且参考 style 属性语法的写法。语法如下：

```
<标签名 style="样式属性 1:属性值 1;样式属性 2:属性值 2;......">内容</标签名>
```

示例：给 h1 设置字体颜色为红色，字体大小为 14px，采用行内样式书写，参考代码及运行效果如图 4.5 所示。

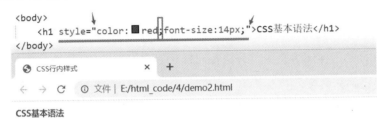

图 4.5　行内样式案例代码及运行效果图

行内样式的特点如下。

- 行内样式必须书写在 HTML 标签内部；
- 使用行内样式时，样式只会作用于当前书写代码的标签元素；
- 行内样式没有选择器。

建议尽量避免使用行内样式，因为每个 HTML 元素都需要单独设置样式，维护网站会变得十分困难，但是它在某些情况下很有用。例如，无法访问 CSS 文件或者仅需要为单个元素应用样式。

4.1.2.2 内嵌样式

内嵌样式将 CSS 写在网页源文件的头部，即在<head>和<head>之间，通过使用 HTML 标签中的<style>标签将其包围，语法如下：

```
<head>
<title>CSS 内嵌样式</title>
<!-- style 标签应书写在 head 标签中 -->
    <style>
        /*  书写样式规则  */
        选择器{
            属性名 1:属性值 1;
            属性名 2:属性值 2;
```

```
        ......
    }
    </style>
</head>
```

示例：给 h1 设置字体颜色为红色，字体大小为 14px，采用内嵌样式书写，参考代码及运行效果如图 4.6 所示。

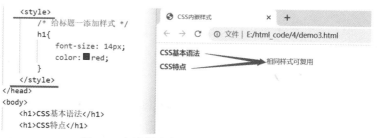

图 4.6　内嵌样式案例代码及运行效果图

内嵌样式的特点如下。

- HTML 结构代码与样式代码分离，代码更清晰，维护更容易；
- 同一个页面内样式可复用，解决相同样式多次书写的弊端。

4.1.2.3　外部样式

外部样式是首先将 CSS 代码写在一个单独的外部 css 文件中，该样式文件以.css 为扩展名，然后在网页源文件的头部，即在 <head> 和 <head> 之间，将外部文件引入页面中。引入的方式有以下两种。

第一种：通过 link 标签引入 CSS 外部样式表，语法如下。

```
<head>
<title>使用 link 标签引入 CSS 外部样式</title>
<!-- link 标签应书写在 head 标签中 -->
<link rel="stylesheet" href="css 文件的相对路径">
</head>
```

这种方式的特点是：link 元素是 XHMTL 中的标签，当 HTML 页面被渲染时，link 引用的 CSS 文件会被同时加载，也可以通过 JavaScript 控制 DOM 去改变 link 元素的 CSS 内容。

第二种：通过@import 方法导入 CSS 外部样式表，语法如下。

```
<head>
<title>使用 import 导入 CSS 外部样式</title>
    <!-- 使用 import 导入 CSS 外部文件 -->
    <style >
        @import url('css 文件的相对路径');
    </style>
</head>
```

小提示

外部样式两种引入方式的区别在于：加载顺序不同。页面打开时，使用 link 标签引用的 CSS 文件会被加载，而使用@import 引用的 CSS 会等到页面全部被加载完成时再加载。此外通过@import 导入的 CSS 样式无法用 DOM 控制，一般不建议使用这种方式。

4.2 CSS 选择器

CSS 选择器指的是选取需要设置样式的元素(标签)。通俗地说，选择器用于告诉浏览器哪些 html 标签将被渲染。

4.2.1 CSS 通配符选择器

在 HTML 中常用的通配符选择器有*，代表文档中的所有元素，它能匹配文档中的每个元素，包括<html>和<body>元素，其语法如下：

```
*{
    属性1: 属性值1;
    属性2: 属性值2;
        ......
}
```

示例：清除所有元素的默认边距和填充。代码及运行效果如图4.7所示。

图 4.7　通配符选择器案例代码及运行效果图

特点：通配符选择器的优先级非常低，一般使用的时候会放在所有样式的最开始处，以便后面的元素同类型样式可以覆盖它。

4.2.2 CSS 基本选择器

在 HTML 中，主要有五种基本选择器：标签选择器、ID 选择器、类选择器、交集选择器和并集选择器。下面一一介绍。

4.2.2.1 标签选择器

标签选择器是指以 HTML 标签作为选择器，浏览器会匹配所有当前指定的标签，渲染样式。语法如下：

```
标签名{
    属性 1: 属性值 1;
    属性 2: 属性值 2;
        ......
}
```

示例：将页面上所有 a 标签设置字体颜色为#666，去除默认下画线，参考代码及运行效果如图 4.8 所示。

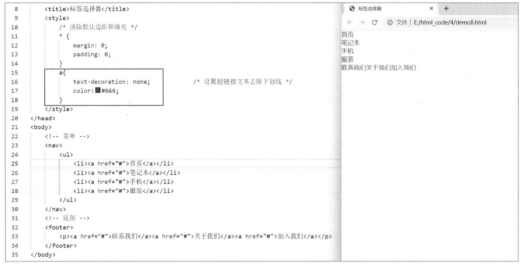

图 4.8　标签选择器案例代码及运行效果图

标签选择器的特点有：能快速、方便地选中所有相同标签进行渲染；选择面太广，不利于精确控制；优先权重为 1。

4.2.2.2 ID 选择器

ID 选择器是指为某个具有 ID 名的元素渲染样式，在 HTML 文档中 ID 通常是唯一的，正如人的身份证号码是唯一存在的。ID 选择器可以为具有指定 ID 名的元素添加样式，步骤如下：

(1) 定义一个 ID 样式，注意 ID 样式一定要使用#开头，ID 名必须紧跟在#后面，中间没有空格，格式如下：

```
#ID 名{
    属性 1: 属性值 1;
    属性 2: 属性值 2;
        ......
}
```

(2) 在需要应用该样式的标签中，添加 id 属性，设置值为上面定义的 ID 名，注意这里仅需要设置 ID 名，不需要加#，格式如下：

> <标签名 id="ID 名">内容</标签名>

示例：为上例中底部区域设置 ID 样式 contact，参考代码如图 4.9 所示。

```
15          #contact{
16              /* 文本居中对齐 */
17  注意有个#号   text-align: center;
18          }
19
20      </style>
21  </head>
22  <body>
23      <!-- 底部 -->
24      <footer>
25          <p id="contact"><a href="#">联系我们</a><a href="#">关于我们</a><a href="#">加入我们</a></p>
26      </footer>     应用样式时，不需要添加#号
27  </body>
```

图 4.9　ID 选择器案例代码图

示例运行效果如图 4.10 所示。

图 4.10　ID 选择器案例运行效果图

ID 选择器的特点如下。

● 相同名称的 ID 选择器在一个页面只能出现一次；如果使用两次或多次，不符合规范，且 JavaScript 调用会出问题。
● ID 名的命名由数字、字母、下画线、短横线组成，不要使用数字开头，推荐使用短横线。
● ID 名一般使用小写，建议不使用 HTML 自带的标签名、属性名或属性值等保留字。

4.2.2.3　类选择器

标签选择器控制元素外观的范围比较大，而 ID 选择器控制元素外观的范围又比较小，如果只是希望设置部分相同元素，或者多个不同元素使用同一个样式，可以使用类选择器。类选择器可以为所有具有指定类的元素添加统一样式，步骤如下：

(1) 首先定义一个类样式，注意类样式一定要使用.(点)开头，类名必须紧跟在.后面，中间没有空格，格式如下：

> .类名{
> 　　属性 1: 属性值 1;
> 　　属性 2: 属性值 2;
> 　　　……
> }

(2) 在需要应用该样式的标签中，添加 class 属性，设置值为上面定义的类名，注意这里仅需要设置类名，不需要加.，格式如下：

```
<标签名 class="类名">内容</标签名>
```

示例：为上例中菜单和底部的第一个超链接设置类样式 active，参考代码及运行效果如图 4.11 所示。

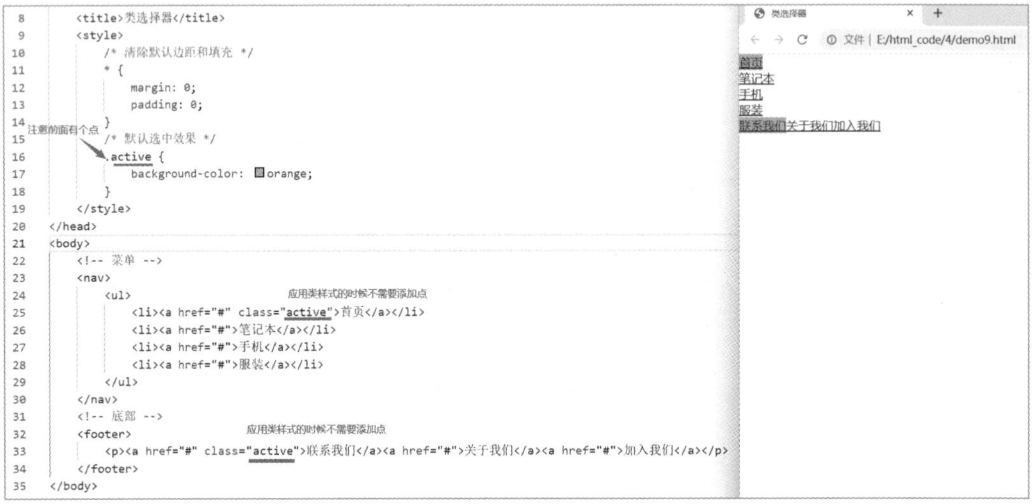

图 4.11　类选择器案例代码及运行效果图

类选择器的特点如下。
- 不同元素可以使用相同的类样式；
- 相同元素可以使用多个不同的类样式，多个类样式使用空格分隔；
- 复用性高。

4.2.2.4　交集选择器

交集选择器是类选择器的一个扩展，目的是可以更快速更准确地选择目标元素。交集选择器由两个选择器构成，其中第一个必须为标签选择器，第二个必须为类选择器或 ID 选择器，两个选择器之间不能有空格或其他符号。例如：div#top、div.content 等，意思分别是匹配 ID 为 top 的 div 标签、匹配类名为 content 的 div 标签。语法如下：

```
标签名#ID 名 {
    属性名 1: 属性值;
    ......
}
```

或者

```
标签名.类名 {
    属性名 1: 属性值;
    ......
```

```
}
```

示例：使用交集选择器，参考代码及运行效果如图 4.12 所示。

```
    <title>交集选择器</title>
    <style>
        div#top {
            color: red;
        }
        div.content {
            color: blue;
        }
    </style>
</head>
<body>
    <div id="top">
        头部区域
    </div>
    <div class="content">
        内容区域
    </div>
</body>
```

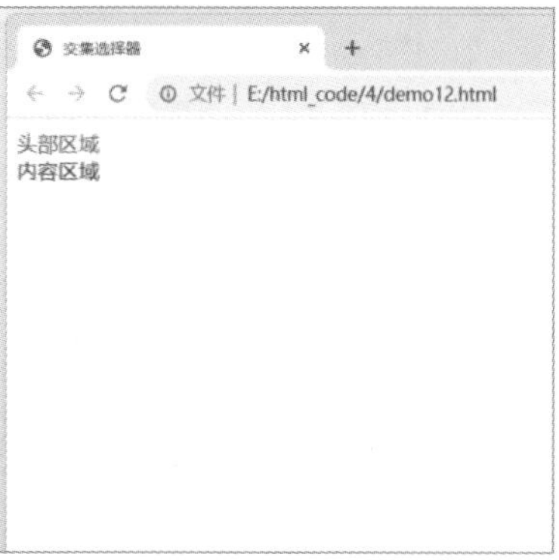

图 4.12　交集选择器案例代码及运行效果图

交集选择器的特点：在 class 名或者 id 名前面加上标签名，可缩小查找的范围。

4.2.2.5　并集选择器

并集选择器是对多个选择器进行组合，允许将相同样式同时应用于多个选择器，通常用于集体声明。并集选择器的书写方式是将多个选择器通过逗号连接在一起，各个选择器可以是 CSS 支持的任何选择器类型。语法如下：

```
选择器 1,选择器 2...{
    属性名 1: 属性值;
    ......
}
```

示例：使用交集选择器添加样式，参考代码如图 4.13 所示。

```
    <title>并集选择器</title>
    <style>
        div#top,div.content,#bottom{
            width:980px;
            margin: 0 auto;
            border: 1px solid #e2e2e2;
        }
    </style>
</head>
<body>
    <div id="top">
        头部区域
    </div>
    <div class="content">
        内容区域
    </div>
    <div id="bottom">
        底部区域
    </div>
</body>
```

每个选择器之间使用逗号分隔

图 4.13　交集选择器案例代码图

示例运行效果如图 4.14 所示。

图 4.14　交集选择器案例运行效果图

4.2.3　CSS 关系选择器

网页中 HTML 标签之间常常具有一定的嵌套关系，一个标签可以嵌套另一个标签，它们之间具有一定的层次关系，例如父子关系、兄弟关系、同辈关系等，下面对其层次关系做个说明，示意图如图 4.15 所示。

```
13  <body>
14      <!-- 菜单 -->
15      <div class="menu">
16          <ul>
17              <li>苹果</li>
18              <li>香蕉</li>          只有香蕉才是苹果的相邻兄弟
19              <li>草莓</li>
20              <li>橙子</li>          香蕉、草莓、橙子这个三个li标签属于苹果
21          </ul>                      项的同级兄弟
22      </div>
23      <!-- 内容 -->
24      <div class="content">
25          <h1>排行榜</h1>           h1和ul都是div的子元素
26          <ul>
27              <li>笔记本</li>
28              <li>手机</li>           笔记本、手机、数码产品这三个li标签属于div.content的后代元素
29              <li>数码产品</li>
30          </ul>
31      </div>
32  </body>
```

图 4.15　HTML 标签之间层次关系示意图

4.2.3.1　后代选择器

后代选择器，用于选择父元素内部的后代元素，后代元素可以是子元素、孙子元素或曾孙元素等。其写法规则是：花括号左侧的选择器一端包括两个或者多个空格分隔的选择器，父元素写在前面，后代元素写在后面，中间使用空格分隔。选择器之间的空格是一种结合符，可以解释为"在……找到……""……作为……的后代"。例如 div h1，代表 div 元素的后代元素 h1，会匹配上 div 元素内部的所有 h1 元素，h1 可以是 div 的子节点、孙子节点、曾孙节点等。语法如下：

```
选择器 1  选择器 2{
        属性 1: 属性值 1;
        属性 2: 属性值 2;
            ......
     }
```

上面的语法表示：在选择器 1 指定的元素里面中找到选择器 2 指定的元素。

示例：后代选择器的使用。代码及运行效果如图 4.16 所示。

图 4.16 后代选择器案例代码及运行效果图

后代选择器的特点如下。

- 虽然可以无限制隔代，但建议不超过 3 级，不需要写出每个层级，只需要写出关键元素节点。
- 选择器 1 和选择器 2 可以是任意标签选择器、ID 选择器和类选择器。

4.2.3.2 子选择器

子选择器用于选择在特定父元素里面的下一级子元素，它只会匹配父元素里面直接下一级子元素，不会匹配孙子元素、曾孙元素等。其写法规则是：花括号左侧的选择器一端包括两个或者多个由">(大于号)"分隔的选择器，父元素写在前面，子元素写在后面，中间使用">"分隔。选择器之间的大于号">"也是一种结合符，可以解释为"在……找到子元素……""……作为……的子元素"。例如 div>h1，代表 div 元素的下一级子元素 h1，只会匹配 div 元素内部的下一级子元素 h1。语法如下：

```
选择器 1>选择器 2{
    属性 1: 属性值 1;
    ……
}
```

上面的语法代表：在选择器 1 指定的元素里面中找到子元素(选择器 2 指定的元素)。

示例：设置一级菜单中包含的超链接子元素的字体颜色为红色，代码及运行效果如图 4.17 所示。

子选择器的特点如下。

- 只匹配直接下一代元素。
- 大于号(子结合符)两边可以有空白符，这是可选的。

```
9        <style>
10           ul.menu>li>a{
11               color: ■red;
12           }
13       </style>
14   </head>
15   <body>
16       <ul class="menu">
17           <!-- 一级菜单 -->
18           <li><a href="#">服装</a></li>
19           <li><a href="#">手机</a></li>
20           <li>
21               <!-- 二级菜单 -->
22               <ul>
23                   <li><a href="#">华为</a></li>
24                   <li><a href="#">小米</a></li>
25                   <li><a href="#">OPPO</a></li>
26               </ul>
27           </li>
28       </ul>
29   </body>
```

匹配类名为menu的ul的子元素li的子元素(a标签)

图 4.17　子选择器案例代码及运行效果图

4.2.3.3　相邻选择器

相邻选择器用于选择第一个元素之后紧跟的相邻兄弟元素，这两个元素必须有同一个父级，其写法是规则左边的选择器一端包括两个由"+(加号)"分隔的选择器，第一个元素写在前面，相邻兄弟元素写在后面，中间使用"+"分隔。选择器之间的加号"+"也是一种结合符。例如，h1+ul 代表匹配 h1 标签的相邻兄弟元素，且该兄弟元素是 ul 标签。语法如下：

```
选择器 1+选择器 2{
    属性 1: 属性值 1;
    ......
}
```

上面的语法代表：匹配选择器 1 的相邻兄弟选择器 2。

示例：设置 h1 的相邻兄弟 ul 的样式。参考代码如图 4.18 所示。

```
8        <title>相邻选择器</title>
9        <style>
10           h1+ul{
11               color: ■red;
12           }
13       </style>
14   </head>
15   <body>
16       <div class="content">
17           <h1>排行榜</h1>
18           <ul>
19               <li>笔记本</li>
20               <li>手机</li>
21               <li>数码产品</li>
22           </ul>
23           <p>测试段落</p>
24       </div>
25   </body>
```

图 4.18　相邻选择器案例代码图

示例运行效果如图 4.19 所示。

图 4.19 相邻选择器案例运行效果图

思考：如果将上面的选择器改成 h1+p，能否将文字"测试段落"的字体颜色设置为红色？为什么？

相邻选择器的特点如下。

- 只匹配第一个元素紧跟着的后面兄弟元素，不能选中前面的兄弟，它们两个必须同属一个父级。
- 两个元素之间的任何文本都将被忽略，仅考虑元素及其在文档树中的位置。
- 加号结合符两边可以有空白符。

4.2.3.4 兄弟选择器

兄弟选择器用于选择第一个元素后的所有同级兄弟元素，这两个元素必须有同一个父级，其写法规则是：花括号左侧的选择器一端包括两个由"~(加号)"分隔的选择器，第一个元素写在前面，同级兄弟元素写在后面，中间使用"~"分隔。例如，h1~ul 代表匹配 h1 标签的所有兄弟元素，且该兄弟元素是 ul 标签。语法如下：

```
选择器 1~ 选择器 2{
    属性 1: 属性值 1;
    ……
}
```

上面的语法代表：匹配选择器 1 其后的所有兄弟选择器 2。

示例：设置 h1 的兄弟元素 ul 的样式，参考代码如图 4.20 所示。

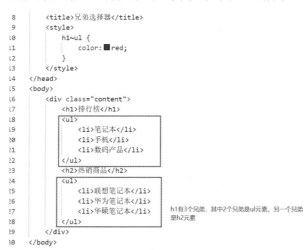

图 4.20 兄弟选择器案例代码图

示例运行效果如图 4.21 所示。

图 4.21　兄弟选择器案例运行效果图

思考：如果将上面的第二个 ul 移动到排行榜 h1 标签上面，能否达到同样的字体设置效果？为什么？

兄弟选择器的特点如下。

● 会匹配第一个元素的所有兄弟元素，它们两个必须同属一个父级。

● 两个元素之间的文本都将被忽略，仅考虑元素及其在文档树中的位置。

● ~号结合符两边可以有空白符。

4.2.4　CSS 伪类选择器

CSS 伪类选择器主要有动态伪类选择器、结构性伪类选择器、属性选择器和 UI 元素状态伪类选择器，本节重点介绍使用频率最高的伪类选择器：动态伪类选择器。

动态伪类是一类行为类样式，这些伪类并不存在 HTML 中，只有当用户和网站交互的时候才能体现出来，这里先介绍常用的 4 个动态伪类选择器，如表 4.1 所示。

表 4.1　常用的 CSS 动态伪类选择器

选择器	说明	示例
:link	表示未访问过的链接	a:link
:hover	表示光标悬停在元素上的样式	div:hover
:active	表示激活元素时的样式	div:active
:visited	表示已访问过的链接	a:visited

示例：伪类选择器的使用。参考代码如图 4.22 所示。

```
8      <style>
9          /* 未访问 */
10         a:link{
11             color:■black;
12         }
13         /* 悬浮 */
14         a:hover{
15             color:■red;
16         }
17         /* 点击激活 */
18         a:active{
19             color:■green;
20         }
21         /* 已访问 */
22         a:visited{
23             color:□yellow;
24         }
25         h1:hover{
26             color:■red;        鼠标悬浮在h1元素上，该元素字体呈红色
27         }
28     </style>
29 </head>
30 <body>
31     <h1>菜单</h1>
32     <ul>
33         <li><a href="#">首页</a></li>
34         <li><a href="#">服装</a></li>
35         <li><a href="#">数码产品</a></li>
36     </ul>
```

图 4.22　伪类选择器案例代码图

示例代码运行效果如图 4.23 所示。

图 4.23　伪类选择器案例运行效果图

注意事项：

- :link 和:visited 只对 a 标签有效果，而:hover 和:active 对所有标签都有效果。
- 如果要同时设置 link、hover、active、visited 这 4 个伪类，必须按照 link、hover、active、visited 这一顺序。

多学一点：请大家扫描下方的二维码查看相关文档，扩展学习其他伪类选择器。

4.3 CSS 特性

4.3.1 层叠性

层叠性主要解决样式冲突问题。使用不同的选择器后，可能会出现多个选择器为相同元素设置相同样式，进而出现样式冲突问题。如下面示例中的无序列表项，多个选择器中都对列表项的背景色进行了设置，示例参考代码如图 4.24 所示。

```html
demo29.html ×
demo29.html > ⊘ html
1  <!DOCTYPE html>
2  <html lang="en">
3  <head>
4      <meta charset="UTF-8">
5      <meta http-equiv="X-UA-Compatible" content="IE=edge">
6      <meta name="viewport" content="width=device-width, initial-scale=1.0">
7      <title>CSS层叠性</title>
8      <style>
9          ul.fruit li{
10             background-color: ▢orange;
11         }
12         li{
13             background-color: ▮blue;
14         }
15     </style>
16 </head>
17 <body>
18     <ul class="fruit">
19         <li>苹果</li>
20         <li>香蕉</li>
21         <li>草莓</li>
22         <li>橙子</li>
23     </ul>
24 </body>
25 </html>
```

图 4.24　CSS 层叠性示意图

请思考：运行上面的代码，浏览器中 li 列表项的背景色是什么颜色？

层叠性原则如下。

(1) 若多个选择器定义的样式不冲突，则不会层叠，即允许不同样式同时应用于同一个元素，如图 4.25 所示。

```
7          <title>CSS层叠性</title>
8  ∨      <style>
9  ∨          li{
10                  background-color: ▢orange;
11              }
12  ∨          li#banner{
13                  color: ▮red;
14              }
15
16          </style>
17      </head>
18  ∨  <body>
19  ∨      <ul class="fruit">
20              <li>苹果</li>
21              <li id="banner">香蕉</li>
22              <li>草莓</li>
23              <li>橙子</li>
24          </ul>
25      </body>
```

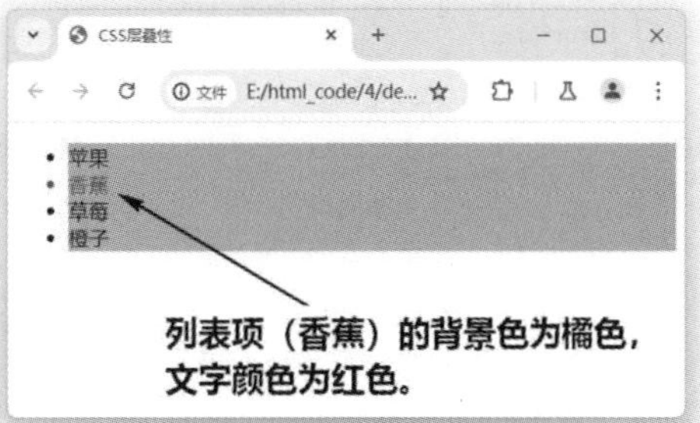

图 4.25　CSS 层叠性原则处理示意图 1

(2) 若样式冲突，同级别优先级的情况下，遵循就近原则，即哪个样式离结构近就应用哪个样式，如图 4.26 所示。

图 4.26　CSS 层叠性原则处理示意图 2

请思考：若将引入外部 CSS 文件的代码放在 style 标签的前面，则列表项(香蕉)的字体颜色是什么颜色？

(3) 若样式冲突，不同级别优先级(权重)的情况下，受权重的影响，CSS 规定的基本选择器的优先级从低到高的排列顺序为：标签选择器样式<类样式<ID 样式<行内样式<!important，如图 4.27 所示。更详细的权重计算请参考下一节——优先级的内容。

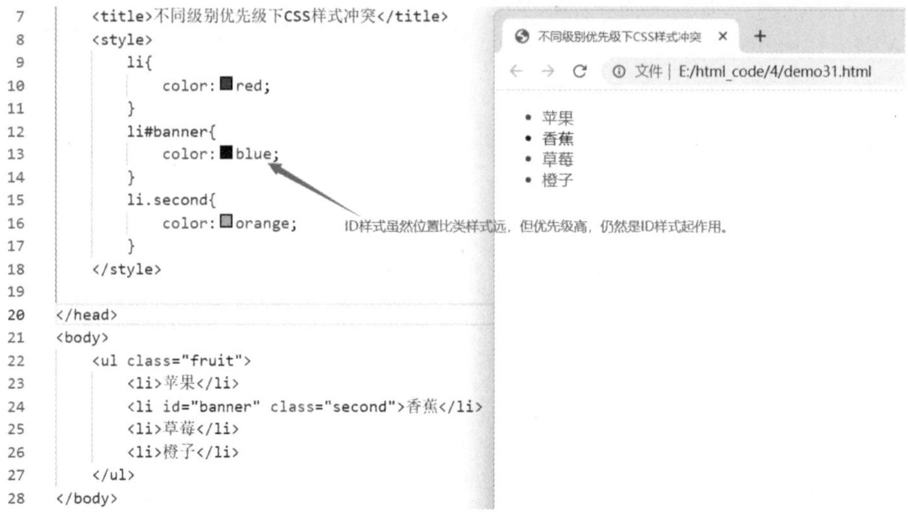

```
7          <title>不同级别优先级下CSS样式冲突</title>
8          <style>
9              li{
10                 color:■red;
11             }
12             li#banner{
13                 color:■blue;
14             }
15             li.second{
16                 color:□orange;
17             }
18         </style>
19
20     </head>
21     <body>
22         <ul class="fruit">
23             <li>苹果</li>
24             <li id="banner" class="second">香蕉</li>
25             <li>草莓</li>
26             <li>橙子</li>
27         </ul>
28     </body>
```

ID样式虽然位置比类样式远，但优先级高，仍然是ID样式起作用。

图 4.27　CSS 层叠性原则处理示意图 3

4.3.2　继承性

CSS 的继承性指的是一种规则，它允许样式不仅应用于某个特定的 html 标签元素，而且应用于其后代。在 HTML 结构中，标签之间存在一定的嵌套关系，它们之间可能是父子关系、祖孙关系、兄弟关系等。在 CSS 属性中，不是所有的属性都能被继承。常见的可继承属性和不可继承属性如表 4.2 所示。

表 4.2　常见的可继承 CSS 属性和不可继承 CSS 属性

可继承属性	字体属性：color、font-family、font-size、font-style、font-weight、font 等
	文本属性：letter-spacing、line-height、text-align、text-indent、text-transform、word-spacing、word-wrap 等
	可见性属性：visibility
	光标属性：cursor
	列表属性：list-style、list-style-type、list-style-image 等
不可继承属性	文本属性：vertical-align、text-decoration、text-shadow、white-space、unicode-bidi
	边框属性：border、border-top、border-right、border-bottom、border-left 等
	外边距属性：margin、margin-top、margin-bottom、margin-left、margin-right 等
	内填充属性：padding、padding-top、padding-right、padding-bottom、padding-left 等
	背景属性：background、background-image、background-repeat 等
	定位属性：position、top、right、bottom、left、z-index、min-width、max-width、min-height、max-height 等
	布局属性：clear、float、display、overflow 等
	宽高属性：width、height
	盒模型属性：box-sizing

除了上面提到的 CSS 中属性的继承性，大部分属性都可以指定值为 inherit，设置这个属性值表示一个属性应从父元素继承它的值。

4.3.3　优先级

CSS 的优先级是指在给 HTML 元素运用样式时，如果有多个 CSS 选择器同时指向了这个元素，那么优先级高(权重值高)的选择器样式将最终运用到这个元素上。

4.3.3.1　基本选择器的优先级

不同选择器的权重如表 4.3 所示。

表 4.3　不同选择器权重表

选择器	权重	示例
标签选择器	0,0,0,1	div{}
类选择器	0,0,1,0	.text{}
伪类选择器	0,0,1,0	:hover{}
伪元素选择器	0,0,1,0	:first-line{}
属性选择器	0,0,1,0	[value]{}
ID 选择器	0,1,0,0	#text{}
!important	最高优先级，无限	color:red!important;

4.3.3.2　群组和后代选择器的优先级

群组选择器：群组选择器指的是使用逗号对两个以及两个以上的选择器进行分隔。此时针对每个被分隔开的选择器单独进行优先级设置。

后代选择器：后代选择器涉及优先级的叠加。

这部分内容有一定的难度，建议读者描下方二维码学习。先学习 CSS 权重的含义和优先级的表示方法，再了解群组和后代选择器的优先级。

📖 工作训练

工作训练 1：美化博客文章内容页的链接导航

【任务需求】

在任务一工作训练 5 的基础上，对页面进行结构改造，并引入 CSS，页面运行效果如图 4.28 所示。

首页 知识干货 课程资源 科技实事 随心所记 下载中心 认识博主 联系我们

首页 > 知识干货

上一篇：已经是第一篇
下一篇：JavaScript-ES6简介

图 4.28 链接导航页面效果图

【任务要求】

● 采用内嵌样式引入 CSS；

● 使用 link 标签引入 CSS 外部文件；

● 使用 import 导入 CSS 外部文件。

【任务实施】

(1) 在任务一工作训练 5 的基础上，对页面进行结构改造；

(2) 菜单导航采用标题标签、超链接改造；

(3) 面包屑、上一篇、下一篇导航使用段落标签+超链接进行改造；

(4) 书写内嵌样式，对超链接、段落标签设置样式；

(5) 分别使用 link 标签、import 这两种方式引入 CSS 外部文件；

(6) 在浏览器中查看运行效果。

实践操作：扫描右侧二维码，观看工作训练 1 的任务实施的详细操作

文档。

工作训练 2：美化博客热门标签版块

【任务需求】

在任务二工作训练 5 的基础上，使用基本选择器编写 CSS 样式，页面运行效果如图 4.29 所示。

热门标签 LIST

web前端	JavaScript技术	ES6技术
Vue.js框架	React框架	Angular框架
Node.js技术	BootStrap	JQuery框架

图 4.29 热门标签版块页面效果图

【任务要求】

● 使用 div、标题、表格等标签组织页面内容。

● 主体内容可采用 3 行 3 列的表格组织。

● 设置表格背景、单元格间距、单元格内距、对齐方式等样式。

【任务实施】

(1) 使用 div 标签对页面内容进行外部容器包裹，并设置其宽度为 350px，边框样式为 1px solid #e2e2e2；

(2) 使用标题+span 标签实现标题栏；

(3) 主体内容采用 3 行 3 列的表格组织，设置单元格间距 2px，单元格内距 5px，单元格高度 30px；

(4) 采用内嵌或外部样式，设置表格背景为#F60、字体加粗、颜色、单元格居中对齐方式等样式；

(5) 在浏览器中查看运行效果。

实践操作：扫描右侧二维码，观看工作训练 2 的任务实施的详细操作 文档。

工作训练 3：设计"站内搜索"版块

【任务需求】

设计"站内搜索"版块，页面运行效果如图 4.30 所示。

图 4.30 "站内搜索"版块页面效果图

【任务要求】

● 使用 div、表单、标题、表单元素等标签组织页面内容；

● 在表单标签中添加表单元素，如文本框、按钮等；

● 灵活使用 CSS 交集选择器、包含选择器、子选择器等不同的选择器来获取不同的元素，设置样式。

【任务实施】

(1) 使用 div 标签对页面内容进行外部容器包裹，并设置其宽度为 300px，边框样式为 1px solid #e2e2e2；

(2) 使用标题+图片标签实现标题栏，设置图片高宽均为 25px，且垂直居中对齐；

(3) 使用 div 标签、form 标签等实现搜索框部分；

(4) 设置搜索框宽度为 245px、边框为 2px solid #ddd;，按钮宽度为 40px；

(5) 在浏览器中查看运行效果。

实践操作：扫描右侧二维码，观看工作训练 3 的任务实施的详细操作 文档。

工作训练 4：设计"我的课程"版块

【任务需求】

设计"我的课程"版块，页面运行效果如图 4.31 所示。

我的课程

图 4.31　"我的课程"版块页面效果图

利用悬浮伪类选择器，实现鼠标悬浮效果，页面运行效果如图 4.32 所示。

我的课程

图 4.32　添加悬浮效果后的页面效果图

【任务要求】

- 使用 div、标题、表格、图片等标签组织页面内容；
- 单元格标签嵌套图片和 span 标签，默认情况下只显示图片标签；
- 鼠标悬浮到单元格时隐藏图片标签，显示 span 标签，并设置 span 标签的样式效果。

【任务实施】

(1) 使用 div 标签对页面内容进行外部容器包裹，并设置其宽度为 700px；

(2) 使用 h1 标签实现标题栏，设置文本水平居中；

(3) 主体内容采用一个 1 行 3 列的表格实现，每个单元格中可嵌套图片标签和 span 标签包含文字内容，默认情况下，设置 span 标签的 display 属性为 none；

(4) 设置单元格悬浮后的样式，如背景色#F60，图片标签隐藏，span 标签的样式，如 display、文本居中、字体颜色白色、加粗等；

(5) 在浏览器中查看运行效果。

实践操作：扫描下方二维码，观看工作训练 4 的任务实施的详细操作文档。

📖 拓展训练

拓展训练 1：美化博客的文章排行榜列表

【任务需求】

在任务二工作训练 2 的基础上，使用基本选择器编写 CSS，页面运行效果如图 4.33 所示。

图 4.33　美化文章排行榜列表页面效果图

拓展训练 2：美化博客的课程列表

【任务需求】

在任务二工作训练 3 的基础上，使用基本选择器、关系选择器等编写 CSS，页面运行效果如图 4.34 所示。

图 4.34　美化课程列表页面效果图

当鼠标悬浮在课程列表项时，更改其背景颜色，页面运行效果如图 4.35 所示。

图 4.35　添加悬浮效果后的页面效果图

📖 功能插页

【预习任务】

根据预习任务图(图4.36),利用CSS基本选择器编写实现代码,并使用三种不同的CSS引入方式实现,每种方式单独使用一个html文档保存。

- 2022年12月(3)
- 2023年01月(3)
- 2023年02月(3)
- 2023年03月(3)

图4.36　预习任务图

【问题记录】

请将学习过程中遇到的问题记录在下面。

【学习笔记】

【思维导图】

任务思维导图如图 4.37 所示，也可以扫描右侧二维码查看高清思维导图。

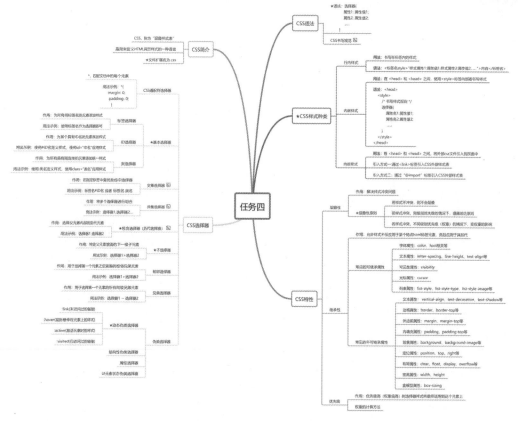

图 4.37　课程内容思维导图

任务 五

美化博客博主个人主页

📖 任务需求说明

在任务二中，公司为客户设计了一个博客博主个人主页，为了实现页面中更丰富的元素效果，便于后期维护页面，需要使用 CSS3 对页面进行美化。

📖 课程工单

博客博主个人主页的 UI 设计图如图 5.1 所示。(请扫描二维码查看高清图片)

图 5.1　博主个人页面设计图

客户要求	(1) 页面文字风格统一、简洁，给人留下稳重、专业的印象。
	(2) 样式代码精简，能提高用户的阅读体验。
	(3) 设计的网页若图片较多，一定要保证网页运行速度。

设计标准	(1) 同一个页面的字体尺寸应不超过四种，这有助于使信息层次分明。
	(2) 颜色值尽量使用小写或大写，同一种颜色值不要出现大小写都存在的情况。若是十六位的颜色值，推荐使用简写方式。
	(3) 尽量使用缩写属性，如 font 属性。
	(4) 若属性为 0，则后面不带单位。
	(5) 使用 CSS Sprites 减少图像请求，使用 CSS 渐变取代背景图像，提高网页匀速速度。

工单任务分解	任务内容	计划课时
	工单任务 5-1：设计收藏文章列表	2 课时
	工单任务 5-2：设计联系博主页面	2 课时
	工单任务 5-3：设计软件分类列表版块	2 课时
	工单任务 5-4：设计文章归档版块	2 课时
	拓展训练 1：图文混排	课后
	拓展训练 2：设计推荐打卡景点版块	课后

📖 工单任务分解

任务 5-1：设计收藏文章列表

【能力目标】
① 能正确添加并修改字体图标样式；
② 能熟练使用字体属性、文本属性美化页面元素。

【知识目标】
① 掌握字体常用样式属性；
② 掌握文本相关常用样式属性；
③ 掌握不同种类的元素水平、垂直居中的技巧。

工作训练 1：设计收藏文章列表

拓展训练 1：图文混排

任务 5-2：设计联系博主页面

【能力目标】
① 能熟练使用边框属性、背景属性美化页面元素；
② 能灵活运用背景渐变、定位等技术优化页面加载速度。

【知识目标】
① 掌握边框常用样式属性；
② 掌握圆角边框的设置技巧。

工作训练 2：设计"联系博主"页面

任务 5-3：设计软件分类列表版块

【能力目标】
① 能熟练使用列表属性美化页面元素；
② 能准确阐述 CSS 精灵的技术要点、优势。

【知识目标】
① 掌握列表常用样式属性；
② 理解 CSS 精灵的作用，掌握其实现方法。

工作训练 3：设计软件分类列表版块

拓展训练 2：设计推荐打卡景点版块

任务 5-4：设计文章归档版块

【能力目标】
① 能熟练使用表格属性美化页面元素；
② 能设计、美化项目要求的各类表格。

【知识目标】

掌握表格相关的常用样式属性。

工作训练 4：完成"文章归档"版块

📖 思政元素

(1) 在通过运用 CSS 样式对网页元素进行设计的过程中，每次完成课堂案例实践时，应致力于减少代码冗余、精简网页体积，同时追求细节上的精益求精。对待每一个页面元素的设计，都应精心打磨、精雕细琢，以培养自己沉稳的学习态度，并践行工匠精神。

(2) 在学习 CSS 样式属性的过程中，我们可逐渐掌握 CSS 的各种样式属性，每一次的实践都可让我们对美的感知更加敏锐，深刻感受到美的力量。在网页设计中，我们学会了尊重用户体验，秉持简洁、易用、美观的设计原则；在日常生活中，我们应注重与他人的沟通和理解，尊重他人的感受和选择；而在面对自然时，我们应珍惜并爱护环境，致力于实现人与自然的和谐共生。

5.1 CSS 字体属性

CSS 字体属性用来设置字体系列、大小、粗细和文字样式(如斜体)，其常用属性如表 5.1 所示。

表 5.1　CSS 常用字体属性

属性名	说明	示例
font-family	设置文本的字体系列	font-family:' 宋 体 ', 'Microsoft YaHei', Arial, sans-serif;
font-weight	设置文本字体的粗细	font-weight:bold;
font-size	设置文本字体的大小	font-size:16px;
font-style	设置文字样式	font-style:italic;
font	字体属性复合写法	font:italic bold 16px '微软雅黑', Arial, sans-serif;

5.1.1　font-family 属性

font-family 属性用于设置文本的字体系列，如宋体、微软雅黑等，其默认值由浏览器决定，不同浏览器的默认值会有所不同。例如谷歌浏览器默认的是 Microsoft YaHei，而火狐浏览器默认的是"宋体"，当然也可以自己手动设置浏览器的默认字体。

语法代码如下：

```
font-family:字体名称 | 字体序列;
```

示例如下：

font-family:'宋体', 'Microsoft YaHei', Arial, sans-serif;

说明：

- 如果字体名称中包含空格或中文，应该使用引号括起来。
- 字体序列中可包含多个名称，按优先顺序排列，以逗号隔开。浏览器会遍历定义的字体序列，直到匹配到某个字体为止。
- 序列可以包含嵌入字体。

多学一招：关于嵌入字体、字体图标的使用，读者可扫描右侧二维码查看@font-face 语法规则及应用文档进行学习。

5.1.2　font-weight 属性

font-weight 属性用于设置文本字体的粗细，其语法为：

font-weight:normal | bold | bolder | lighter | 整数值

对属性值说明如下。

- normal：正常的字体。相当于数字值 400。
- bold：粗体。相当于数字值 700。
- bolder：定义比继承值更重的值。
- lighter：定义比继承值更轻的值。
- 整数值：用数字表示文本字体粗细。取值范围为 100 | 200 | 300 | 400 | 500 | 600 | 700 | 800 | 900。

 小提示

继承值指元素可从其父元素继承 CSS 属性的值。

5.1.3　font-size 属性

font-size 属性用于设置文本字体的大小，其语法为：

font-size:绝对大小值 | 相对大小值 | 长度值 | 百分比

参数说明：

- 绝对大小值：根据媒体介质对象字号进行调节，值包括：xx-small | x-small | small | medium | large | x-large | xx-large。
- 相对大小值：相对于父对象中字号进行相对调节，使用成比例的 em 单位计算，例如，0.5em 就是当前元素的父元素的字体大小的一半；也可以相对于根元素 html

中字号进行调节，使用成比例的 rem 单位计算，例如，1.5rem 就是当前文档的 html 的字体大小的 1.5 倍。

- 长度值：用长度值指定文字大小，不允许是负值。例如，24px。
- 百分比：用百分比指定文字大小。其百分比取值是基于父对象中字体的尺寸，不允许是负值。

 小提示

使用 px 长度值设定字体大小是固定的，它不取决于平台、浏览器，可以精确地设置像素；rem 是相对于 html 根元素字体大小的一种比例计算，在响应式开发中很有用，也是当前较为流行的一种字体大小设计方式。

5.1.4　font-style 属性

font-style 属性用于设置文字样式，指定文本是否为斜体，其语法如下：

font-style: normal | italic | oblique

属性值说明：

- normal：正常字体。
- italic：斜体。
- oblique：倾斜的字体。人为使文字倾斜，而不是选取字体中的斜体字。有些没有设计斜体的特殊字体，可以使用该值设置。

5.1.5　font 复合属性

font 复合属性用于对上面提到的各个字体样式进行综合设置，其语法格式如下：

font:font-style font-weight font-size/line-height font-family;

说明：

- 可以省略 font-style、font-weight，如果省略则使用默认值。
- font-size 和 font-family 属性不能省略，其中 font-family 属性必须最后指定。
- 顺序不能颠倒，各个属性必须使用空格隔开。如果设置字体大小和行高，需使用/隔开。

5.1.6　字体属性案例

示例：使用字体属性设置诗词，效果如图 5.2 所示。

图 5.2　字体属性案例运行效果图

示例参考代码如图 5.3 所示。

```
9    <style>
10       p{
11           /* 设置字体系列 */
12           font-family:'宋体', 'Microsoft Yahe', Arial, sans-serif;
13       }
14       /* 标题 */
15       p.title {
16           /* 字体大小 */
17           font-size: 24px;
18           /* 字体粗细 */
19           font-weight: bold;
20           color: ■red;
21       }
22       /* 作者 */
23       p.author {
24           /* 字体样式为斜体 */
25           font-style: italic;
26       }
27    </style>
28 </head>
29
30 <body>
31    <p class="title">长歌行</p>
32    <p class="author">作者：汉乐府</p>
33    <p>百川东到海，何时复西归？</p>
34    <p>少壮不努力，老大徒伤悲。</p>
35 </body>
```

图 5.3　字体属性案例代码图

若要使用 font 复合属性进行改造，可将标题处改造，改造后的代码参考如图 5.4 所示。

```
/* 标题 */
p.title {
    /* 字体大小 */
    /* font-size: 24px; */
    /* 字体粗细 */
    /* font-weight: bold; */
    color: ■red;
    font: bold 24px'宋体', 'Microsoft Yahe', Arial, sans-serif;
}
```

图 5.4　字体属性 font 属性改造代码图

5.2 CSS 文本属性

CSS 文本属性用来设置文本的外观，比如文本颜色、文本对齐、文本装饰、文本缩进、行距等，其常用属性如表 5.2 所示。

表 5.2 　CSS 常用文本属性

属性名	说明	示例
color	设置文本的字体颜色	color:red;
text-align	设置文本水平对齐方式	text-align:center;
line-height	设置多行文本的间距、行高	line-height:1.5;
text-indent	设置文本缩进	text-indent:2em;
text-decoration	设置文本修饰，如下画线、删除线等	text-decoration:none;
text-transform	设置文本转换大小写	text-transform:capitalize;
word-spacing	设置单词之间的间距	word-spacing:normal;
letter-spacing	设置字符之间的间距	letter-spacing:3px;
text-shadow	设置文本阴影	text-shadow: 1px 1px 2px black;
vertical-align	设置行内元素或表格单元格元素的垂直对齐方式	vertical-align:middle;
text-overflow	设置容器内文本溢出时，如何处理溢出的内容	text-overflow:ellipsis;

5.2.1　color 属性

color 属性用于设置文本的字体颜色，如 red、#fff 等。其语法格式为：

color: 颜色关键字|十六进制颜色值|rgb 颜色|rgba 颜色|色相值;

属性值说明：

- 颜色关键字：指定颜色的英文字母，如 red、blue、yellow 等。
- 十六进制颜色值：表示颜色的十六进制符号，如#e2e2e2。
- rgb 颜色：rgb 代码的颜色值，函数格式为 rgb(R,G,B)，取值可以是 0～255 的整数或百分比，如 rgb(255,255,255)。
- rgba 颜色：扩展了的 RGB 颜色模式，可设定颜色透明度，用 a 代表。0 表示透明，1 表示不透明。取值可以是 0～1 的值，如 rgba(242,124,75,0.5)。
- 色相值：由色相(色环角度)、饱和度和明度组合而成。饱和度和明度使用百分数表示，如 hsl(120,100%,50%)。此外也可以添加颜色的不透明度，如 hsl(120,100%,50%,0.5)。

5.2.2 text-align 属性

text-align 属性用于设置元素中文本水平对齐方式，其语法为：

> text-align:left|center| right |其他值

属性值说明：

- left：文本内容水平左对齐。
- center：文本内容水平居中对齐。
- right：文本内容水平右对齐。

使用注意事项：

- text-align 属性只能控制该元素中文本内容的水平对齐方式，无法控制该元素的对齐方式。例如，想将 h1 元素中内容居中对齐，应该给 h1 元素添加 text-align 属性。
- text-align 属性一般控制块级元素中文本内容的对齐方式，行级元素根据其内容大小决定宽度，因此设置了也无效。
- 有些行内块元素使用 text-align 属性也有效，如 td 属于行内块元素。

多学一招：在实际开发中，经常使用 text-align 属性实现行内元素、行内块元素的水平居中。扫描右侧二维码查看文档，学习操作技巧。

5.2.3 line-height 属性

line-height 属性用于设置多行文本的间距，对于块级元素，可以使用它来指定元素行间的最小高度。其语法为：

> line-height:normal | 数字值 | 固定长度值 | 百分比 | inherit

属性值说明：

- normal：默认正常。根据浏览器不同有所区别，如火狐使用默认值，约为 1.2。
- 数字值：无单位的数字，不允许负值。如 1.5，表示行高等于 1.5 乘以该元素的字体大小。
- 固定长度值：指定行高固定长度，可以使用 px、em 等其他单位，如 30px、1.2em 等。
- 百分比：与元素自身字体大小有关，最终值等于给定的百分比乘以元素的字体大小，如 120%。
- inherit：从父元素继承 line-height 属性的值。

请思考：line-height:150% 和 line-height:1.5 的区别是什么？扫描右侧二维码可以参看解答文档。

使用注意事项：

- 带单位的行高(如百分比、em、px 等)都有继承性，其子元素继承的数值与父元素的行高相关，不会因为其子元素改变字体尺寸而改变行高。
- 数字值的行高会根据当前元素的字号重新计算，即：当前字号乘以数字，是真正意义上的字号的倍数。

多学一招：在实际开发中，经常使用 line-height 属性实现行内元素、行内块元素的垂直居中。扫描右侧二维码查看文档，学习操作技巧。

5.2.4　text-decoration 属性

text-decoration 属性用于设置元素的文本装饰(如下画线、上画线、删除线/贯穿线等)，它是 text-decoration-line、text-decoration-color 和 text-decoration-style 的缩写。其语法格式如下：

```
text-decoration:text-decoration-line   text-decoration-color   text-decoration-style;
```

参数说明：

- text-decoration-line：文本修饰的种类，可取值有 none | underline | overline | line-through | blink。
- text-decoration-color：文本修饰的颜色。
- text-decoration-style：文本修饰的样式，如 wavy(波浪线) | solid(实线) | dashed(虚线)。

> **小提示**
>
> 文本修饰属性会延伸到子元素。这意味着如果祖先元素指定了文本修饰属性，子元素则不能将其删除。

示例：使用文本属性进行页面文本元素设计，运行效果如图 5.5 所示。

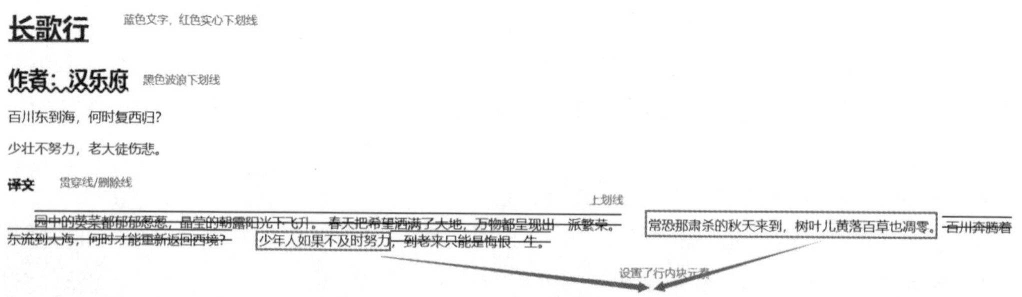

图 5.5　文本属性案例运行图

示例参考代码如图 5.6 所示。

```
9      <style>
10         h1 {
11             color:■blue;
12             text-decoration: underline solid ■red;
13         }
14
15         h2 {
16             /* 默认颜色为黑色 */
17             text-decoration: underline wavy;
18         }
19
20         div.desc {
21             /* 父容器设置了文本修饰，子元素会继承该属性 */
22             text-decoration: line-through;
23         }
24
25         div.desc>p {
26             text-indent: 2em;
27             /* 使用text-decoration: none;想取消子元素继承过来的中线修饰无效*/
28             /* 当使用text-decoration:overline，则会在子元素上面又增加新的文本修饰 */
29             text-decoration: overline;
30         }
31         span.del {
32             /* 将不想继承父元素文本修饰的元素修改成行内块元素 */
33             display: inline-block;
34         }
35      </style>
36  </head>
37  <body>
38      <h1>长歌行</h1>
39      <h2>作者：汉乐府</h2>
40      <p>百川东到海，何时复西归？</p>
41      <p>少壮不努力，老大徒伤悲。</p>
42      <div class="desc">
43          <h4>译文</h4>
44          <p>园中的葵菜都郁郁葱葱，晶莹的朝露阳光下飞升。
45              春天把希望洒满了大地，万物都呈现出一派繁荣。<span class="del">常恐那肃杀的秋天来到，树叶儿黄落百草也凋零。</span>
46              百川奔腾着东流到大海，何时才能重新返回西境？<span class="del">少年人如果不及时努力</span>，到老来只能是悔恨一生。
47          </p>
48      </div>
49  </body>
```

图 5.6　文本属性案例代码图

5.2.5　text-shadow 属性

使用 text-shadow 属性用于设置文本的阴影及模糊效果，其语法如下：

text-shadow:x-offset y-offset blur color;

属性值说明：

- x-offset：阴影水平偏移位置，允许是负值。
- y-offset：阴影垂直偏移位置，允许是负值。
- blur：模糊的距离，可以省略。
- color：阴影的颜色，可以省略，位置可以调整。但不要放在长度值之间，一般在两个或三个长度值之前或之后。

示例：设置文字阴影效果图，如图 5.7 所示。

图 5.7　text-shadow 属性案例运行图

示例参考代码如图 5.8 所示。

```
9      <style>
10       h1{
11         font-size: 60px;
12         /* X偏移5px，Y偏移5px */
13         text-shadow: 5px 5px 5px ▉red;
14       }
15       p{
16         font-size: 60px;
17         /* 无偏移 */
18         text-shadow: 0 0 5px ▉blue;
19       }
20      </style>
21    </head>
22    <body>
23    <h1>文字阴影效果1</h1>
24    <p>文字阴影效果2</p>
25    </body>
```

图 5.8　text-shadow 属性案例代码图

5.2.6　text-overflow 属性

text-overflow 属性用于设置当内联内容溢出其包含块容器时内容的呈现方式，要使得 text-overflow 属性生效，需要同时满足以下三个条件：

● 块容器必须显示定义 overflow 为非 visible。
● 块容器的 width 为非 auto 值。
● 块容器需要设置属性 white-space 的值为 nowrap。

其语法如下：

text-overflow:clip|ellipsis;

属性值说明：

● clip：当内联内容溢出块容器时，将溢出部分直接裁切掉。
● ellipsis：当内联内容溢出块容器时，将溢出部分替换为省略号(...)。

示例：设置长文本省略，运行效果如图 5.9 所示。

图 5.9　text-overflow 属性案例运行图

示例参考代码如图 5.10 所示。

```
9    <style>
10     * {
11       margin: 0;
12       padding: 0;
13     }
14     div.list-item {
15       width: 300px;
16       height: 320px;
17       border: 1px solid ▢#e2e2e2;
18       text-align: center;
19     }
20     div.list-item>div.list-item-img {
21       height: 250px;
22     }
23     /* 图片自适应 */
24     div.list-item-img img {
25       width: 100%;
26       height: 100%;
27     }
28     div.list-item p {
29       height: 30px;
30       line-height: 30px;
31       overflow: hidden;
32       text-overflow: ellipsis;      注意: p标签继承了父元素的width
33       white-space: nowrap;
34     }
35     </style>
36    </head>
37    <body>
38     <div class="list-item">
39       <div class="list-item-img">
40         <img src="./images/chengzi1.jpg" alt="橙子">
41       </div>
42       <p class="pname">海南脐橙6斤装约7大果海南红心脐橙6斤装约7大果</p>
43       <p><span>￥130.0</span><span>￥97.5</span></p>
44     </div>
45    </body>
```

图 5.10　text-overflow 属性案例代码图

多学一招：要学习更多 CSS 文本属性，请扫描右侧二维码查看文档。

5.3　CSS 边框属性

CSS 边框属性用来设置元素的边框，比如边框颜色、边框类型、边框宽度、圆角边框、边框图片等。其常用边框属性如表 5.3 所示。

表 5.3　CSS 常用边框属性

属性名	说明	示例
border-style	设置边框类型	border-style:solid;
border-width	设置边框宽度	border-width:1px;
border-color	设置边框颜色	border-color:red;
border	设置边框的复合属性	border:1px solid red;或者 border:none;
border-top	设置上边框	border-top:1px solid blue;
border-bottom	设置下边框	border-bottom:1px solid pink;
border-left	设置左边框	border-left:1px solid green;

(续表)

属性名	说明	示例
border-right	设置右边框	border-right:1px solid orange;
border-top-color	设置上边框颜色	border-top-color:red;
border-top-width	设置上边框宽度	border-top-width:2px;
border-top-style	设置上边框类型	border-top-style:dashed;
border-radius	设置圆角边框	border-radius:10px;
border-top-right-radius	设置右上角圆角边框	border-top-right-radius:5px;
border-top-left-radius	设置左上角圆角边框	border-top-left-radius:8px;
border-bottom-left-radius	设置左下角圆角边框	border-bottom-left-radius:10px;
border-bottom-right-radius	设置右下角圆角边框	border-bottom-right-radius:10px;

5.3.1 border-style 属性

border-style 属性用于设置边框的类型为无、点线、虚线、实线或双实线，其语法如下：

border-style:none | dotted | dashed | solid | double;

说明：

border-style 属性的值可以有 4 个、3 个、2 个、1 个。

(1) 若为 4 个值，代表按上、右、下、左的顺序作用于四边框。

(2) 若为 3 个值，代表第一个值作用于上边框，第二个值作用于左边框和右边框，第三个值作用于下边框。

(3) 若为 2 个值，代表的是第一个值作用于上下边框，第二个值作用于左右边框。

(4) 若为 1 个值，代表四个边框的属性相同。

将这个属性进行扩展，可以分别设置上、下、左、右四个方向边框的类型，如表 5.4 所示。

表 5.4　border-style 属性

属性名	说明	示例
border-top-style	设置上边框类型	border-top-style:solid;
border-bottom-style	设置下边框类型	border-bottom-style:solid;
border-left-style	设置左边框类型	border-left-style:solid;
border-right-style	设置右边框类型	border-right-style:solid;

示例：使用 border-style 属性，代码及运行效果如图 5.11 所示。

```
 9   <style>
10     div{
11       width: 200px;
12       height: 100px;
13       margin: 20px;
14     }
15     /* 第一个div */
16     div:nth-of-type(1){
17       border-style: dashed dotted double solid;
18     }
19     /* 第二个div */
20     div:nth-of-type(2){
21       border-style: dashed dotted  solid;
22     }
23     /* 第三个div */
24     div:nth-of-type(3){
25       border-style: dashed solid;
26     }
27     /* 第四个div */
28     div:nth-of-type(4){
29       border-style: solid;
30     }
31   </style>
32   </head>
33   <body>
34   <div>
35   若为4个值:代表的是上、右、下、左的顺序作用于四边框。
36   </div>
37   <div>
38   若为3个值:代表的是第一个值作用于上边框,第二个作用于左边框和右边框,第三个值作用于下边框。
39   </div>
40   <div>
41   若为2个值:代表的是第一个值作用于上下边框,第二作用与左右边框。
42   </div>
43   <div>
44   若为1个值:代表四个边框相同属性。
45   </div>
```

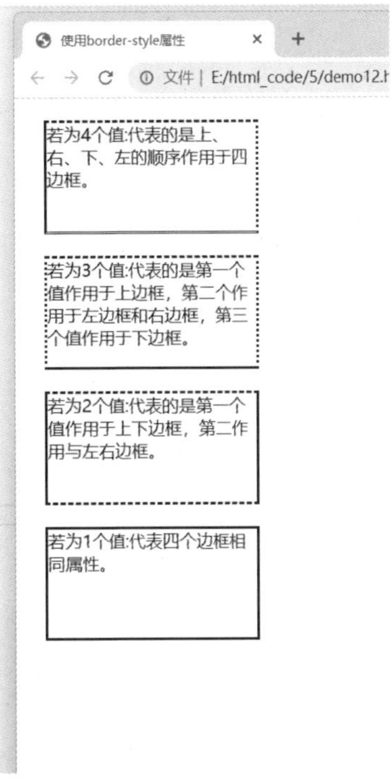

图 5.11　border-style 属性案例代码及运行效果图

5.3.2　border-width 属性

border-width 属性用于设置边框的宽度，其语法如下：

border-width:长度值|关键字;

说明：

- 长度值：固定长度值，例如 2px 或者 1em 等。
- 关键字：thick(粗，5px)、medium(默认值，3px)和 thin(细，1px)，从粗到细。
- border-width 属性的值可以有 4 个、3 个、2 个、1 个，值为 4 个、3 个、2 个、1 个的说明与 5.3.1 节的 border-style 属性参数说明相同。

将这个属性进行扩展，可以分别设置上、下、左、右四个方向边框的粗细，如表 5.5 所示。

表 5.5　border-width 属性

属性名	说明	示例
border-top-width	设置上边框粗细	border-top-width:1px;
border-bottom-width	设置下边框粗细	border-bottom-width:1px;
border-left-width	设置左边框粗细	border-left-width:1px;
Border-right-width	设置右边框粗细	border-right-width:1px;

示例：使用 border-width 属性。代码及运行效果如图 5.12 所示。

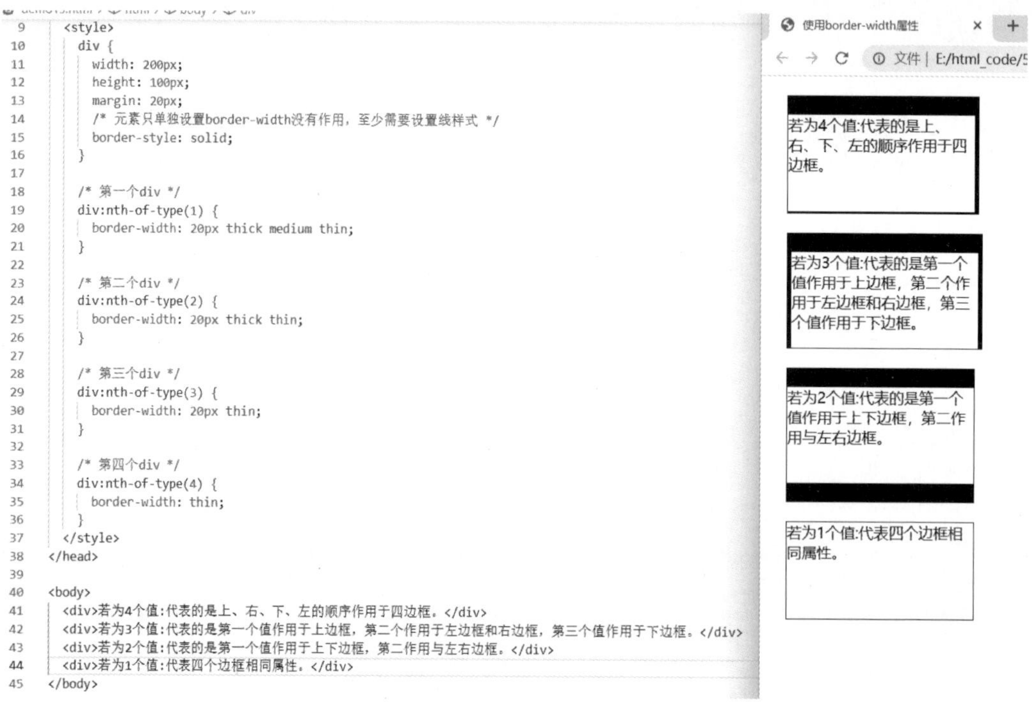

```
 9      <style>
10      div {
11          width: 200px;
12          height: 100px;
13          margin: 20px;
14          /* 元素只单独设置border-width没有作用, 至少需要设置线样式 */
15          border-style: solid;
16      }
17
18      /* 第一个div */
19      div:nth-of-type(1) {
20          border-width: 20px thick medium thin;
21      }
22
23      /* 第二个div */
24      div:nth-of-type(2) {
25          border-width: 20px thick thin;
26      }
27
28      /* 第三个div */
29      div:nth-of-type(3) {
30          border-width: 20px thin;
31      }
32
33      /* 第四个div */
34      div:nth-of-type(4) {
35          border-width: thin;
36      }
37      </style>
38  </head>
39
40  <body>
41      <div>若为4个值:代表的是上、右、下、左的顺序作用于四边框。</div>
42      <div>若为3个值:代表的是第一个值作用于上边框, 第二个作用于左边框和右边框, 第三个值作用于下边框。</div>
43      <div>若为2个值:代表的是第一个值作用于上下边框, 第二作用与左右边框。</div>
44      <div>若为1个值:代表四个边框相同属性。</div>
45  </body>
```

图 5.12 border-width 属性案例代码及运行效果图

5.3.3 border-color 属性

border-color 属性用于设置边框的颜色, 其语法如下:

border-color:颜色关键字 | 颜色十六进制值 | 颜色 rgb 值 | 颜色 rgba 值;

说明:

- border-color 属性的值可以有 4 个、3 个、2 个、1 个, 值为 4 个、3 个、2 个、1 个的说明与 5.3.1 节关于 border-style 的参数说明相同。

对这个属性进行扩展, 可以分别设置上、下、左、右四个方向边框颜色, 如表 5.6 所示。

表 5.6 border-color 属性

属性名	说明	示例
border-top-color	设置上边框颜色	border-top-color:blue;
border-bottom-color	设置下边框颜色	border-bottom-color:blue;
border-left-color	设置左边框颜色	border-left-color:blue;
border-right-color	设置右边框颜色	border-right-color:blue;

示例: 使用 border-color 属性。代码及运行效果如图 5.13 所示。

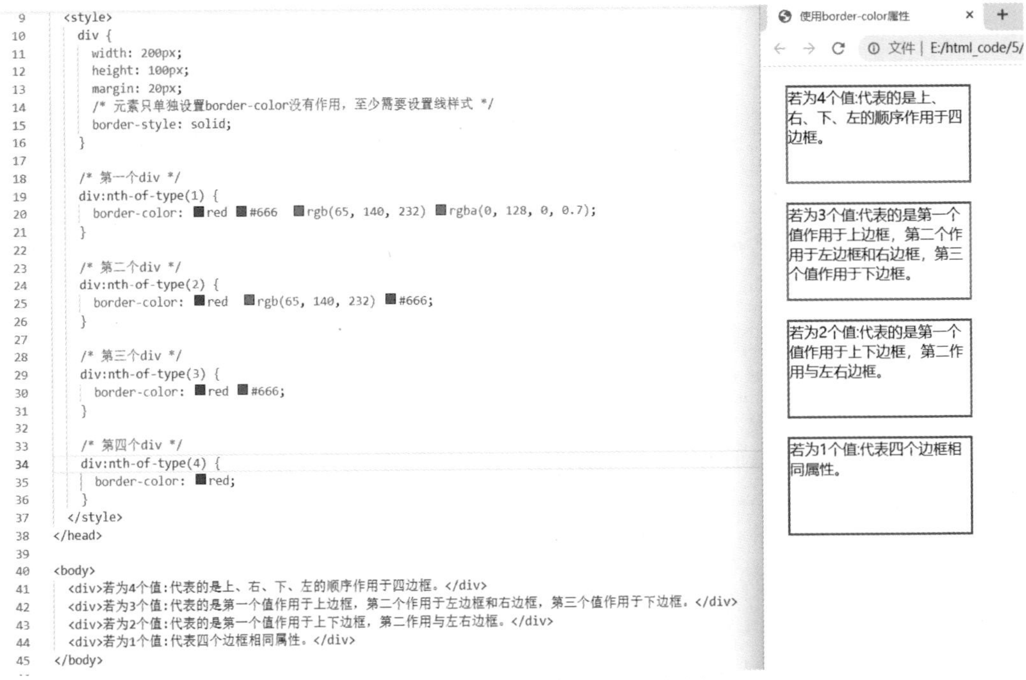

```
9     <style>
10      div {
11        width: 200px;
12        height: 100px;
13        margin: 20px;
14        /* 元素只单独设置border-color没有作用，至少需要设置线样式 */
15        border-style: solid;
16      }
17
18      /* 第一个div */
19      div:nth-of-type(1) {
20        border-color: ■red ■#666 ■rgb(65, 140, 232) ■rgba(0, 128, 0, 0.7);
21      }
22
23      /* 第二个div */
24      div:nth-of-type(2) {
25        border-color: ■red ■rgb(65, 140, 232) ■#666;
26      }
27
28      /* 第三个div */
29      div:nth-of-type(3) {
30        border-color: ■red ■#666;
31      }
32
33      /* 第四个div */
34      div:nth-of-type(4) {
35        border-color: ■red;
36      }
37    </style>
38  </head>
39
40  <body>
41    <div>若为4个值：代表的是上、右、下、左的顺序作用于四边框。</div>
42    <div>若为3个值：代表的是第一个值作用于上边框，第二个作用于左边框和右边框，第三个值作用于下边框。</div>
43    <div>若为2个值：代表的是第一个值作用于上下边框，第二作用与左右边框。</div>
44    <div>若为1个值：代表四个边框相同属性。</div>
45  </body>
```

图 5.13　border-color 属性案例运行图

5.3.4　border 属性

border 属性用于设置边框的样式、宽度和颜色，它是一个复合属性，可以设置的属性有 border-width、border-style 和 border-color。其语法如下：

> border:border-width　border-style　border-color

说明：

- border-width、border-style、border-color 这三个值的顺序可以任意。
- 若有缺省值，则会被设置成对应属性的初始值。
- border 属性用于设置元素四个方向的边框，这四个边框的设置相同。若要分别设置上、下、左、右四个方向边框的属性，可以使用的属性如表 5.7 所示。

表 5.7　border 属性

属性名	说明	示例
border-top	设置上边框属性	border-top:1px solid blue;
border-bottom	设置下边框属性	border-bottom:1px solid blue;
border-left	设置左边框属性	border-left:1px solid blue;
border-right	设置右边框属性	border-right:1px solid blue;

示例：使用 border 属性。代码及运行效果如图 5.14 所示。

```
 8      <title>使用border属性</title>
 9      <style>
10      div {
11          width: 200px;
12          height: 100px;
13          margin: 20px;
14      }
15
16      /* 第一个div */
17      div:nth-of-type(1) {
18          border: 1px solid ■red;
19      }
20
21      /* 第二个div */
22      div:nth-of-type(2) {
23          /* 上边框 */
24          border-top: 5px solid ■red;
25          /* 下边框 */
26          border-bottom: 5px dashed ■black;
27          /* 左边框 */
28          border-left: 5px double ■blue;    0.3125rem
29          /* 右边框 */
30          border-right: 5px dotted ■green;
31      }
32
33      </style>
34      </head>
35
36      <body>
37      <div>四边框相同属性</div>
38      <div>分别设置四个边框</div>
39      </body>
```

图 5.14　border 属性案例运行图

5.3.5　border-radius 属性

border-radius 属性用于设置元素的圆角边框。其语法如下：

border-radius:长度值 | 百分比

说明：

- 长度值：定义圆形半径或椭圆形的水平半径、垂直半径的具体像素值，负值无效。
- 百分比：定义圆形半径或椭圆形的水平半径、垂直半径，值为元素的宽高乘以百分数后得到的值。
- border-radius 值的数量可以是 4 个、3 个、2 个、1 个。
    - 若为 4 个值，代表按上、右、下、左的顺序作用于四个角。
    - 若为 3 个值，代表的是第一个值作用于左上角，第二个值作用于右上角和左下角，第三个值作用于右下角。
    - 若为 2 个值，代表的是第一个值作用于左上角和右下角，第二个值作用于右上角和左下角。
    - 若为 1 个值，代表四个角的属性相同。

将这个属性进行扩展，可以分别设置上、下、左、右四个角的圆角边框，如表 5.8 所示。

表 5.8　border-radius 属性

属性名	说明	示例
border-top-left-radius	设置左上角圆角边框	border-top-left-radius:30px;
border-top-right-radius	设置右上角圆角边框	border-top-right-radius:20px;
border-bottom-right-radius	设置右下角圆角边框	border-bottom-right-radius:30px;
border-bottom-left-radius	设置左下角圆角边框	border-bottom-left-radius:10px;

四个方向的圆角边框示意图如图 5.15 所示。

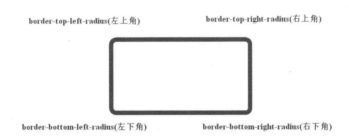

图 5.15　圆角边框四个方向的属性示意图

5.3.5.1　认识水平半径值和垂直半径值

圆形、椭圆的水平半径和垂直半径表示如图 5.16 所示。

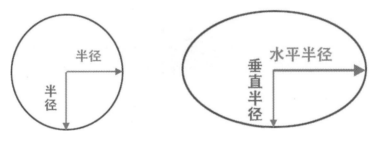

图 5.16　圆形和椭圆半径示意图

5.3.5.2　认识圆角边框半径

(1) border-radius 的值为 4 个值，每个数值表示的是圆角的半径值，即每个角的水平和垂直半径都设置为对应的数值。例如：border-radius:30px 20px 30px 10px，表示左上角的水平和垂直半径均为 30px，右上角的水平和垂直半径为 20px，右下角的为 30px，左下角的为 10px，如图 5.17 所示。

(2) border-radius 的值为 3 个值时，代表的是第一个值作用于左上角，第二个作用于右上角和左下角，即对角相等，第三个值作用于右下角。例如：border-radius:10px 20px 50px，示意图如图 5.18 所示。

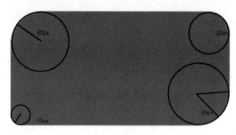

图 5.17　border-radius 属性值为 4 个时的示意图

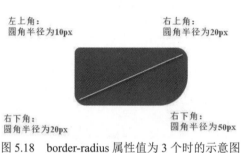

图 5.18　border-radius 属性值为 3 个时的示意图

(3) border-radius 的值为 2 个值时，代表的是第一个值作用于左上角和右下角，第二个值作用于右上角和左下角，即对角相等。例如，border-radius:10px 50px，示意图如图 5.19 所示。

图 5.19　border-radius 属性值为 2 个时的示意图

(4) border-radius 的完整写法，例如：border-radius:10px 20px 30px 40px/40px 30px 20px 10px。"/"前的四个数值表示圆角的水平半径，后面四个值表示圆角的垂直半径，如图 5.20 所示。

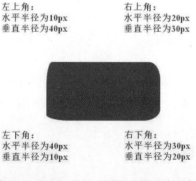

图 5.20　border-radius 属性完整写法示意图

(5) border-radius 的其他写法，例如：border-radius:10px 20px 30px 40px/20px 10px。"/"前的四个数值表示圆角的水平半径，后面两个值中第一个值表示左上和右下圆角的垂直半径，第二个值表示右上和左下圆角的垂直半径。其写法等同于完整写法：border-radius:10px 20px 30px 40px/20px 10px 20px 10px。同样的道理，若值为 3 个、2 个或 1 个的情况，请参考上面的参数说明，即可明白如何设置缺省值。

5.4　CSS 列表属性

CSS 列表属性用来设置列表项的样式，比如列表项图像、列表项标记位置、标记类型等，其常用属性如表 5.9 所示。

表 5.9　CSS 常用列表属性

属性名	说明	示例
list-style-type	设置列表项标记类型	list-style-type:disc;
list-style-image	设置列表项图像	list-style-image:url('./img/a.jpg');
list-style-position	设置列表项标记位置	list-style-position:inside;
list-style	设置列表项样式的复合属性	list-style:square inside url('./img/a.jpg');

5.4.1　list-style-type 属性

list-style-type 属性用于设置列表项标记的类型，可用于有序列表和无序列表。其语法如下：

```
list-style-type:特定值 | 关键字 | 值;
```

说明：

- 常用的特定值主要包括 disc(实心圆)、circle(空心圆)、square(实心方块)、decimal(阿拉伯数字)、lower-alpha(小写英文字母)、upper-alpha(大写英文字母)、lower-roman(小写罗马数字)、upper-roman(大写罗马数字)。
- 关键字：可以是 none，表示不设置项目符号。
- 值：可以是一些字符，使用单引号括起来，如'-'。
- 无序列表列表项的默认标记为 disc，有序列表中的列表项的默认标记为阿拉伯数字。

示例：使用 list-style-type 属性。运行效果如图 5.21 所示。

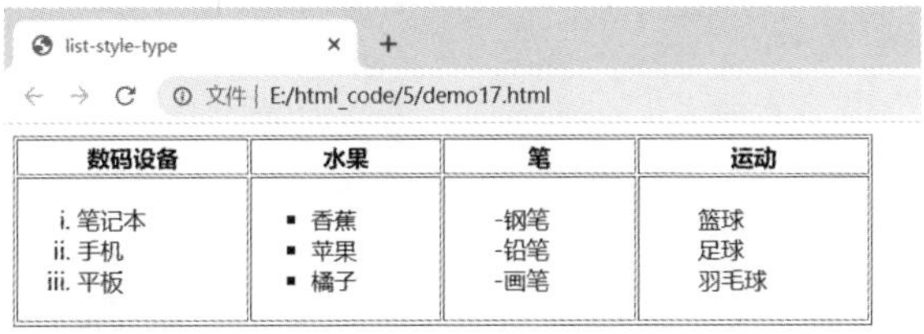

图 5.21　list-style-type 属性案例运行效果图

示例参考代码如图 5.22 所示。

```
9    <style>                          44      <tr>
10     div {                         45        <th>数码设备</th>
11       display: flex;              46        <th>水果</th>
12     }                             47        <th>笔</th>
13                                   48        <th>运动</th>
14     div ul,                       49      </tr>
15     div ol {                      50      <tr>
16       width: 200px;               51        <td>
17       border: 1px solid ■black;   52          <ul class="digital">
18     }                             53            <li>笔记本</li>
19                                   54            <li>手机</li>
20     /* 数码设备-无序列表 */          55            <li>平板</li>
21     ul.digital li {               56          </ul>
22       list-style-type: lower-roman; 57        </td>
23     }                             58        <td>
24                                   59          <ol class="fruit">
25     /* 水果的-有序列表 */           60            <li>香蕉</li>
26     ol.fruit li {                 61            <li>苹果</li>
27       list-style-type: square;    62            <li>橘子</li>
28     }                             63          </ol>
29                                   64        </td>
30     /* 笔-有序列表 */              65        <td>
31     ol.pen li {                   66          <ol class="pen">
32       list-style-type: '-';       67            <li>钢笔</li>
33     }                             68            <li>铅笔</li>
34                                   69            <li>画笔</li>
35     /* 运动-有序列表 */            70          </ol>
36     ol.sport li {                 71        </td>
37       list-style-type: none;      72        <td>
38     }                             73          <ol class="sport">
39    </style>                       74            <li>篮球</li>
40  </head>                          75            <li>足球</li>
41                                   76            <li>羽毛球</li>
42  <body>                           77          </ol>
43    <table border="1" width="600px"> 78        </td>
44      <tr>                         79      </tr>
45        <th>数码设备</th>            80  </table>
```

图 5.22　list-style-type 属性案例代码图

5.4.2　list-style-image 属性

list-style-image 属性用于设置列表项图像，指定一个能用来作为列表元素标记的图像，可用于有序列表和无序列表。其语法如下：

list-style-image:url(相对路径或绝对路径) | 关键字;

说明：

- 使用 url()方法为列表项设置图像，可以是相对路径也可以是绝对路径。如果图像失效，则使用默认的列表项标记代替。
- 关键字：可以是 none。

示例：使用 list-style-image 属性。参考代码及运行效果如图 5.23 所示。

图 5.23　list-style-image 属性案例代码及运行效果图

146

5.4.3　list-style-position 属性

list-style-position 属性用于设置列表项标记的位置，声明列表标记相对于列表项内容的位置。其语法如下：

list-style-position:outside | inside;

说明：

- outside：列表项标记位于列表文本以外，为默认值。
- inside：列表项标记位于列表文本以内。

示例：使用 list-style-position 属性，参考代码及运行效果如图 5.24 所示。

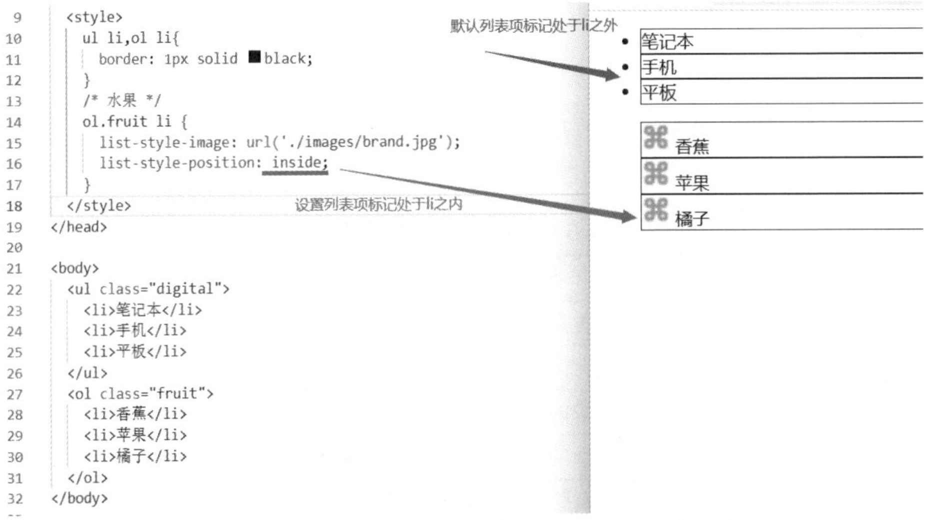

```
9   <style>
10    ul li,ol li{
11      border: 1px solid ■black;
12    }
13    /* 水果 */
14    ol.fruit li {
15      list-style-image: url('./images/brand.jpg');
16      list-style-position: inside;
17    }
18  </style>
19  </head>
20
21  <body>
22    <ul class="digital">
23      <li>笔记本</li>
24      <li>手机</li>
25      <li>平板</li>
26    </ul>
27    <ol class="fruit">
28      <li>香蕉</li>
29      <li>苹果</li>
30      <li>橘子</li>
31    </ol>
32  </body>
```

默认列表项标记处于li之外

- 笔记本
- 手机
- 平板

⌘ 香蕉

⌘ 苹果

⌘ 橘子

设置列表项标记处于li之内

图 5.24　list-style-position 属性案例代码及运行效果图

5.4.4　list-style 属性

list-style 属性用于设置列表样式，它是一个复合属性，可以设置的属性有：list-style-type、list-style-position 和 list-style-image。其语法如下：

list-style:list-style-type　　list-style-position　　list-style-image

说明：

- 值可以只有 1 个：list-style-type，也可以有两个或三个，但是 list-style-image 必须放到最后，否则部分浏览器将会解析出错。

示例：使用 list-style 属性。参考代码及运行效果如图 5.25 所示。

```
8      <title>list-style属性</title>
9      <style>
10       /* 列表样式也可以作用于ul和ol,不仅仅是列表项 */
11       ul {
12         list-style: circle inside;
13       }
14       li.one {
15         list-style: outside url('./images/brand.jpg');
16       }
17     </style>
18   </head>
19
20   <body>
21     <ul class="fruit">
22       <li class="one">水果类</li>
23       <li>香蕉</li>
24       <li>苹果</li>
25       <li>橘子</li>
26     </ul>
27   </body>
```

图 5.25　list-style 属性案例代码及运行效果图

5.5　CSS 背景属性

CSS 背景属性用来设置元素的背景样式，比如背景颜色、背景图片、背景裁切方式、背景位置等，其常用属性如表 5.10 所示。

表 5.10　CSS 常用背景属性

属性名	说明	示例
background-color	设置元素的背景颜色	background-color:red;
background-image	设置元素的背景图片	background-image:url('1.jpg');
background-repeat	设置背景图像的平铺方式	background-repeat:no-repeat;
background-size	设置背景图像的大小	background-size:contain;
background-position	设置元素的背景图片的初始位置	background-position:10px 20px;
background-origin	设置计算背景图片位置时的参考原点	background-origin:content-box;
background-clip	设置元素的背景图像向外裁切的区域	background-clip:border-box;
background-attachment	设置滚动时背景图像相对于哪个元素固定	background-attachment:scroll;
background	设置背景属性的复合属性	background:red url(bg.jpg) top left no-repeat

5.5.1　background-color 属性

background-color 属性用于设置元素的背景颜色。元素的背景是元素的总大小，默认情况包括元素的内容、填充和边框(但不包括边距)。其语法如下：

background-color:颜色关键字 | 十六进制颜色值 | rgb 颜色 | rgba 颜色 | 色相值;

属性值说明：

- 颜色关键字：指定背景的颜色，用英文字母表示如 red、blue、yellow 等。
- 十六进制颜色值：表示颜色的十六进制符号，如#e2e2e2。

- rgb 颜色：rgb 代码的颜色值，函数格式为 rgb(R,G,B)，取值可以是 0～255 的整数或百分比，如 rgb(255,255,255)。
- rgba 颜色：扩展的 RGB 颜色模式，可设定颜色透明度。a 代表透明度：0 表示透明，1 表示不透明。取值可以是 0～1，如 rgba(242,124,75,0.5)。
- 色相值：由使用色相(色环角度)、饱和度和明度组合而成。饱和度和明度使用百分数来表示，如 hsl(120,100%,50%)。此外也可以添加颜色的不透明度，如 hsl(120,100%,50%,0.5)。

示例：使用 background-color 属性。参考代码及运行效果如图 5.26 所示。

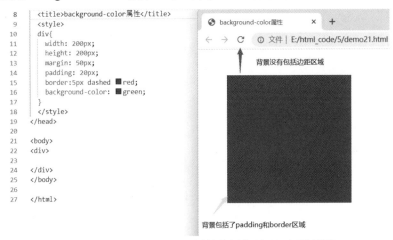

图 5.26　background-color 属性案例代码及运行效果图

5.5.2　background-image 属性

background-image 属性用于设置元素的背景图片。元素的背景是元素的总大小，默认情况包括元素的内容、填充和边框(但不包括边距)。默认情况下，背景图片位于元素的左上角，并在水平和垂直方向上重复。其语法如下：

```
background-image:url(相对路径或绝对路径) | none | initial |inherit;
```

属性值说明：
- url：指定用作背景图片的图片资源的相对路径或绝对路径。
- none：指定该值，则不会显示背景图像。
- initial：将此属性设置为其默认值。
- inherit：指定该值，则元素采用其父元素 background-image 属性的计算值。
- 为一个元素同时设置背景颜色和背景图片，两个属性均有效。

示例：使用 background-image 属性。参考代码及运行效果如图 5.27 所示。

```
9    <style>
10     div {
11       width: 100px;
12       height: 100px;
13       background-color: ☐ pink;
14     }
15     div:nth-of-type(1) {
16       background-image: url('./images/chengzi1.jpg');
17     }
18     div:nth-of-type(2) {
19       background-image: url('./images/brand.jpg');
20     }
21     div:nth-of-type(3) {
22       background-image: url('./images/hudie.png');
23     }
24   </style>
25   </head>
26
27   <body>
28   <!-- 第一个DIV -->
29   <div></div>
30   <!-- 第二个DIV -->
31   <div></div>
32   <!-- 第三个DIV -->
33   <div></div>
34   </body>
```

背景图片尺寸大于div尺寸

背景图片尺寸小于div尺寸

带透明背景的png图片

图 5.27　background-image 属性案例代码及运行效果图

5.5.3　background-repeat 属性

background-repeat 属性用于设置元素背景图片的平铺方式。默认情况下，背景图片会在水平和垂直方向上重复平铺。其语法如下：

background-repeat:repeat-x | repeat-y | repeat | no-repeat | round | space;

说明：

- 该属性可以是 1 或 2 个值。如果提供 2 个值，则第一个值用于 X 方向(横向)、第二个值用于 Y 方向(纵向)；如果提供 1 个值，则这个值同时用于 X 方向和 Y 方向。
- repeat-x：表示图像背景在横向上平铺。
- repeat-y：表示图像背景在纵向上平铺。
- no-repeat：表示背景图像不平铺。
- repeat：表示背景图像在横向和纵向上平铺，默认值。
- round：当背景图像不能以整数倍平铺时，会根据情况缩放图像。
- space：当背景图像不能以整数倍平铺时，会用空白间隙填充在图像周围。

示例 1：使用 background-repeat 属性。背景图像的大小为 50px×50px，参考代码及运行效果如图 5.28 所示。

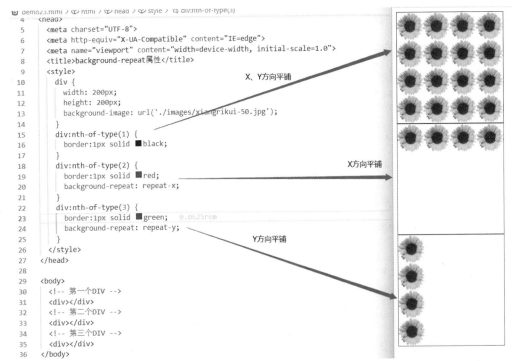

图 5.28　background-repeat 属性案例代码及运行效果图 1

示例 2：使用 background-repeat 属性值 space 和 round。背景图像的大小为 50px×50px，父容器大小为 180px×180px。前提：背景图像不能完整地以整数倍平铺，参考代码及运行效果如图 5.29 所示。

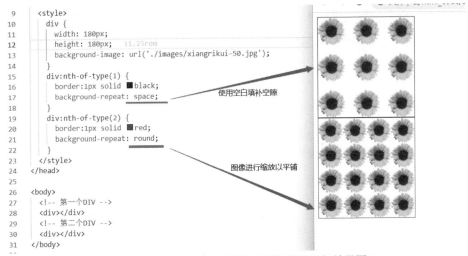

图 5.29　background-repeat 属性案例代码及运行效果图 2

5.5.4　background-position 属性

background-position 属性用于设置元素背景图片的起始位置。这个属性只能应用于块级元素和替换元素。其中替换元素包括 img、input、textarea、select 和 object[①]。其语法如下：

> background-position:固定长度| 百分比| 关键字;

说明：

- 固定长度的单位可以是 px，例如 background-position:50px 100px。
- 百分比是容器尺寸减去背景图尺寸进行换算。
    - 该属性接受 1~4 个参数值。
    - 若为 1 个值，则第一值用于横坐标，纵坐标将默认为 50%(即 center)。
    - 若为 2 个值，则第一值用于横坐标，第二个值用于纵坐标。
    - 若为 3 个或 4 个值，则每个百分比或固定长度的偏移量之前都必须跟一个边界关键字(left|right|top|bottom，不包括 center)，表示相对关键字位置进行偏移；若偏移量为 0，则偏移量可以省略，例如：background-position: bottom 10px right;相当于 background-position: bottom 10px right 0;。
    - 值可以为正数或负数，依据 CSS 坐标系和偏移量确定值的正负数。

 小提示

y 方向可使用的边界关键字有 top、bottom 和 center；x 方向可使用的边界关键字有 left、right 和 center。

5.5.4.1　CSS 的坐标系

CSS 的坐标系与数学坐标系不同，它的坐标原点(0,0)在浏览器可视窗口或元素的左上角，背景图片总是从元素的左上角开始铺设,因此可以将元素左上角看成是背景图片的原点。X 轴即水平轴，向右为正，向左为负；Y 轴即垂直轴，向下为正，向上为负，如图 5.30 所示。

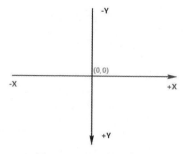

图 5.30　CSS 的坐标系

每个元素都自带一个隐形坐标系，以图像为例，其坐标示意图如图 5.31 所示。

背景图片偏移后，可以看作是元素的原点坐标发生偏移，那么原坐标位置(0, 0)显示的图像会发生变化。其原点坐标示意图如图 5.32 所示。

---

① background-position 属性. 绿叶学习网. 2015-04-17[引用日期 2015-06-19].

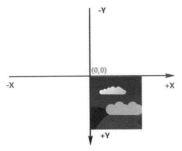

图 5.31　背景图片默认从坐标原点处铺设

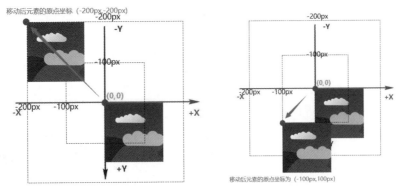

图 5.32　背景图片偏移原点示意图

5.5.4.2　background-position 不同值的使用

示例 1：background-position 值为固定长度，如图 5.33 所示。

```
<title>background-position值为固定长度</title>
<style>
    div.box{
        width: 200px;
        height: 200px;
        background-color: ■blue;
        /*背景图片的大小为100px*100px */
        background-image: url('./images/xiangrikui-100.jpg');
        background-repeat: no-repeat;
        background-position: 100px 100px;
    }
</style>
</head>
<body>
    <div class="box">
    </div>
</body>
```

图 5.33　background-position 属性值为固定值

示例 2：background-position 值的百分比计算公式，如图 5.34 所示。

假设 background-position:x y，则

横坐标：{容器(container)的宽度-背景图片的宽度}×x%，超出的部分隐藏。

纵坐标：{容器(container)的高度-背景图片的高度}×y%，超出的部分隐藏。

```
 8        <style>
 9            div.box{
10                width: 300px;
11                height: 200px;
12                background-color: ■blue;
13                /*背景图片的大小为100px*100px */
14                background-image: url('./images/xiangrikui-100.jpg');
15                background-repeat: no-repeat;
16                background-position: 50% 50%;
17                /* 横坐标: (300-100) *50%=100px */     6.25rem
18                /* 纵坐标: (200-100) *50%=50px */
19            }
20        </style>
21    </head>
22    <body>
23        <div class="box">
24        </div>
25    </body>
```

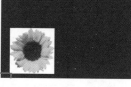

图 5.34　background-position 属性值为百分比

示例 3：background-position 值为关键字，如图 5.35 和图 5.36 所示。

● background-position 的值有 4 个。

```
 8        <style>
 9            div.box{
10                width: 300px;
11                height: 200px;
12                background-color: ■blue;
13                /*背景图片的大小为100px*100px */
14                background-image: url('./images/xiangrikui-100.jpg');
15                background-repeat: no-repeat;
16                /* 定义背景图像在容器中距离左边20px,距离底部10px  */
17                background-position: left 20px bottom 10px;     1.25rem, 0
18            }
19        </style>
20    </head>
21    <body>
22        <div class="box">
23        </div>
24    </body>
```

图 5.35　background-position 属性值为 4 个

● background-position 的值有 3 个。

```
 7        <title>background-position值为关键字</title>
 8        <style>
 9            div.box{
10                width: 300px;
11                height: 200px;
12                background-color: ■blue;
13                /*背景图片的大小为100px*100px */
14                background-image: url('./images/xiangrikui-100.jpg');
15                background-repeat: no-repeat;
16                /* 值为三个, 则默认的偏移量为0px */
17                /* 下面相当于: background-position: left 20px top 0px;的结果 */
18                background-position: left 20px top;
19            }
20        </style>
21    </head>
22    <body>
23        <div class="box">
24        </div>
```

图 5.36　background-position 属性值为 3 个

- background-position 值有 2 个。

background-position 可以取 2 个值，例如，background-position: right bottom;关键字的顺序可以交换。

- background-position 值有 1 个。

background-position 取单个值时，另一个值默认设为 center。例如，background-position: top;。

 小提示

偏移位置之前必须带有位置关键字，否则是错误的写法。如下所示：

background-position: 20px top 20px;   /*写法错误*/

5.5.4.3 CSS 精灵

CSS 精灵(CSS Sprites)，指的是在网页应用中处理网页背景图片的一种技术，将页面中不同元素需要使用的零星背景图片整合在一张大图中，借助 CSS 的背景图片、定位等背景属性来实现元素背景图像的显示。用户可以通过一次页面请求获得所有元素的背景图片，减少对服务器的请求，提高访问速度。

在仿携程页面的导航菜单项中采用 CSS 精灵图设计导航图标，将各个导航项的图标整合在一张图中。默认情况下，元素在默认原点(0,0)的位置铺设背景图片，显示的为当前图片的第一个小图，效果如左侧图所示；若要将第二张小图显示在元素默认原点的位置，则必须对背景图片进行定位，将背景图片的原点进行偏移，示意图如图 5.37 所示。

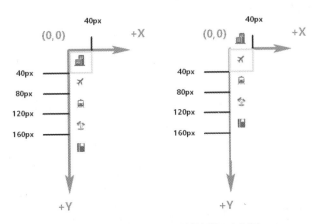

图 5.37 CSS 精灵设计导航图标示意图

仿携程页面中导航菜单项的案例参考代码如图 5.38 所示。

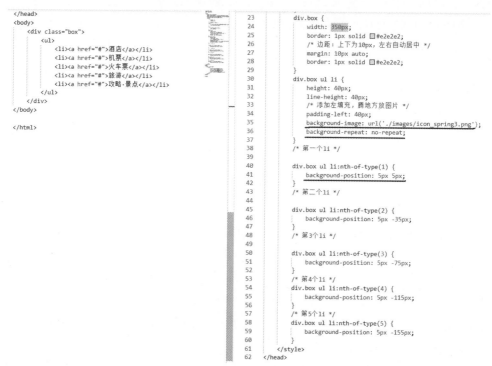

```
</head>
<body>
    <div class="box">
        <ul>
            <li><a href="#">酒店</a></li>
            <li><a href="#">机票</a></li>
            <li><a href="#">火车票</a></li>
            <li><a href="#">旅游</a></li>
            <li><a href="#">攻略·景点</a></li>
        </ul>
    </div>
</body>

</html>
```

```
23    div.box {
24        width: 350px;
25        border: 1px solid #e2e2e2;
26        /* 边距：上下为10px，左右自动居中 */
27        margin: 10px auto;
28        border: 1px solid #e2e2e2;
29    }
30    div.box ul li {
31        height: 40px;
32        line-height: 40px;
33        /* 添加左填充，腾地方放图片 */
34        padding-left: 40px;
35        background-image: url('./images/icon_spring3.png');
36        background-repeat: no-repeat;
37    }
38    /* 第一个 li */
39
40    div.box ul li:nth-of-type(1) {
41        background-position: 5px 5px;
42    }
43    /* 第二个 li */
44
45    div.box ul li:nth-of-type(2) {
46        background-position: 5px -35px;
47    }
48    /* 第3个 li */
49
50    div.box ul li:nth-of-type(3) {
51        background-position: 5px -75px;
52    }
53    /* 第4个 li */
54    div.box ul li:nth-of-type(4) {
55        background-position: 5px -115px;
56    }
57    /* 第5个 li */
58    div.box ul li:nth-of-type(5) {
59        background-position: 5px -155px;
60    }
61    </style>
62 </head>
```

图 5.38　CSS 精灵案例代码图

5.5.5　background-size 属性

background-size 属性用于设置元素背景图片的尺寸大小。默认情况下，背景图片大小就是图片本身的大小，宽度和高度都是 auto 默认值。其语法如下：

background-size:固定长度 | 百分比 | auto | cover | contain;

说明：

- 该属性的值可以是 1 或 2 个值。如果提供 2 个值，则第一个值用于定义背景图像的宽度，第二个值用于定义背景图像的高度。
- 如果提供 1 个值，则这个值将定义背景图像的宽度，图像的高度将依据背景图像定义的宽度值进行等比例缩放计算得到。
- 当属性值为百分比时，背景大小是参照背景的 background-origin 区域大小进行换算，而不是根据包含容器大小来换算(关于 background-origin 请参考知识点 background-origin 属性)。
- auto：背景图像的真实大小。
- cover：将背景图像等比缩放到完全覆盖包含容器，背景图像有可能超出容器，超出容器部分的图像不显示。
- contain：将背景图像进行等比例缩放，缩放到背景图片完全包含在容器中为止，背景图像始终被包含在容器内。

小提示

background-size 必须写在 background-imge 属性后面才有效果，也就是要先引入背景图片，再设置背景图片的大小，这个顺序不能乱。

示例 1：background-size 的值为固定长度。代码及运行效果如图 5.39 所示。

```
8      <title>background-size值为固定长度</title>
9      <style>
10         div {
11             width: 300px;
12             height: 200px;
13             border: 1px solid ■black;
14             /*背景图片的大小为100px*100px */
15             background-image: url('./images/xiangrikui-100.jpg');
16             background-repeat: no-repeat;
17         }
18         /* 上面的盒子 */
19         div.box1 {
20             /* 定义背景图片的宽度为200px*200px */
21             background-size: 200px 200px;
22         }
23         /* 下面的盒子 */
24         div.box2 {
25             /* 定义背景图片的宽度为200px，高度会根据宽度值对图片进行等比例缩放得到。
26             缩放比例=设置的宽度/原宽度
27             计算的高度=缩放比例*原高度，本例计算高度为200px */
28             background-size: 200px;
29         }
30     </style>
31  </head>
32  <body>
33     <div class="box1">
34     </div>
35     <div class="box2">
36     </div>
```

图 5.39　background-size 值为固定长度

示例 2：background-size 的值为 cover。参考代码及运行效果如图 5.40 所示。

```
9      <style>
10         div.box{
11             width: 300px;
12             height: 200px;
13             border: 1px solid ■black;
14             /*背景图片的大小为100px*100px */
15             background-image: url('./images/xiangrikui-100.jpg');
16             background-repeat: no-repeat;
17             /* 为了让背景图像完全覆盖容器，背景图片需要缩放到300px*300px，
18             由于容器高度只有200px，则超出图像的部分不显示 */
19             background-size: cover;
20         }
21
22     </style>
23  </head>
24  <body>
25     <div class="box">
26     </div>
27
```

图 5.40　background-size 值为 cover

示例 3：background-size 的值为 contain。参考代码及运行效果如图 5.41 所示。

background-size 的值为 contain 时将背景图像等比例缩放，缩放到背景图像完全包含在容器内时才停止缩放。这样能保证背景图片始终被包含在容器内，不会出现超出图像现象，但横向或纵向上会出现留白。

```
 8          <title>background-size值为contain</title>
 9          <style>
10              div.box{
11                  width: 300px;
12                  height: 200px;
13                  border: 1px solid ■black;
14                  /*背景图片的大小为100px*100px */
15                  background-image: url('./images/xiangrikui-100.jpg');
16                  background-repeat: no-repeat;
17                  /*  本例中背景图像当放大到200px*200px时，在高度上与盒子的高度相等，则停止缩放。
18              而宽度为300px，则会出现横向上有留白。 */
19                  background-size: contain;
20              }
21
22          </style>
23      </head>
24      <body>
25          <div class="box">
26          </div>
```

图 5.41　background-size 值为 contain

多学一招：要学习更多 CSS 背景属性，请扫描右侧二维码查看文档。

总之，background 属性是设置背景属性的复合属性。可以设置的属性分别是：background-color、background-position、background-size、background-repeat、background-origin、background-clip、background-attachment 和 background-image。各值之间用空格分隔，不分先后顺序。可以只有其中的某些值，例如 background：red url("bg.jpg"); 是允许的。

其语法如下：

```
background:bg-color bg-image position/bg-size bg-repeat bg-origin bg-clip bg-attachment initial|inherit;
```

示例 4：使用 background 属性，参考代码及运行效果如图 5.42 所示。

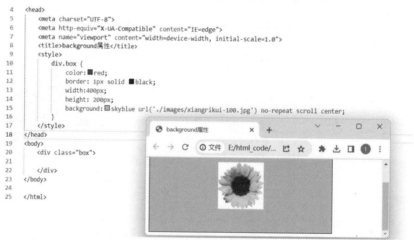

图 5.42　background 属性案例代码及运行效果图

5.6　CSS 表格属性

CSS 表格属性用来设置表格的样式，比如表格折叠属性、表格内边距、边框分离、表格标题属性等，其常用属性如表 5.11 所示。

表 5.11　CSS 常用表格属性

属性名	说明	示例
border-collapse	设置是否把表格边框合并为单一的边框	border-collapse:collapse;
border-spacing	设置分隔单元格边框的距离	border-spacing:0;
caption-side	设置表格标题的位置	caption-side:bottom;
empty-cells	设置是否显示表格中的空单元格	empty-cells:hide;

5.6.1　border-collapse 属性

border-collapse 属性设置是否把表格边框合并为单一的边框。表格在添加了 border 属性后，它在页面中显示时单元格之间是有一定间距的。通常为了使表格显示效果美观，会设置边框合并为单一的边框，去掉单元格之间的间距。使用 border-collapse 属性能将表格边框合并为单一的边框，制作成细线边框的效果。其语法如下：

```
border-collapse:separate | collapse | inherit;
```

属性值说明：
- separate：边框会被分开，默认值。
- collapse：边框会合并为单一的边框。
- inherit：规定应该从父元素继承 border-collapse 属性的值。

示例：使用 border-collapse 属性，参考代码如图 5.43 所示。

图 5.43　border-collapse 属性案例代码

示例运行效果如图 5.44 所示。

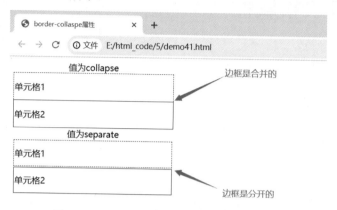

图 5.44　border-collapse 属性案例运行效果图

5.6.2　border-spacing 属性

border-spacing 属性设置相邻单元格之间的间距，它仅适用于 border-collapse:separate 的时候。其语法如下：

border-spacing:长度值;

说明：

- 该属性的值可以为 1 或 2 个。若只提供 1 个值，这个值将作用于横向和纵向上的间距。若提供 2 个值，则第一个值作用于横向间距，第二个值作用于纵向间距。
- 长度值只能是固定值，如 border-spacing:20px。
- 该属性的作用等同于表格的 cellspacing 属性，如 border-spacing:0 等同于 cellspacing="0"。

示例：使用 border-spacing 属性。参考代码及运行效果如图 5.45 所示。

图 5.45　border-spacing 属性案例代码及运行效果图

5.6.3　caption-side 属性

caption-side 属性是设置表格标题的位置。在<table>标签中可以使用<caption>标签设置表格的标题，页面中它将在表格的上方居中显示。我们可以使用 caption-side 属性修改表格标题的位置，一般有两个值：top(默认值)和 bottom。其语法如下：

```
caption-side:top | bottom;
```

参数说明：

- top：标题在表格上方居中显示。
- bottom：标题在表格底部居中显示。

示例：使用 caption-side 属性。参考代码如图 5.46 所示。

```
demo43.html ×                              demo43.html ×
5 > demo43.html > html > body > div.box > table.one   5 > demo43.html > html
1   <!DOCTYPE html>                        27   <body>
2   <html lang="en">                       28   <div class="box">
3   <head>                                  29       <table class="one">
4       <meta charset="UTF-8">             30           <caption>值为top</caption>
5       <meta name="viewport" content="width=device-   31           <tr>
6       <title>caption-side属性</title>    32               <td>单元格1.1</td><td>单元格1.2</td>
7       <style>                            33           </tr>
8           div.box table{                 34           <tr>
9               width: 300px;              35               <td>单元格2.1</td><td>单元格2.2</td>
10              height: 100px;             36           </tr>
11              border:1px solid ■black;   37       </table>
12              border-collapse: collapse;  38       <hr>
13          }                              39       <table class="two">
14          div.box table td{              40           <caption>值为bottom</caption>
15              border:1px solid ■black;   41           <tr>
16          }                              42               <td>单元格1.1</td><td>单元格1.2</td>
17          table.one{                     43           </tr>
18              /* 默认值 */                44           <tr>
19              caption-side: top;         45               <td>单元格2.1</td><td>单元格2.2</td>
20          }                              46           </tr>
21          table.two{                     47       </table>
22              caption-side: bottom;      48   </div>
23          }                              49   </body>
24                                         50   </html>
25      </style>
26  </head>
```

图 5.46　caption-side 属性案例参考代码图

示例运行效果如图 5.47 所示。

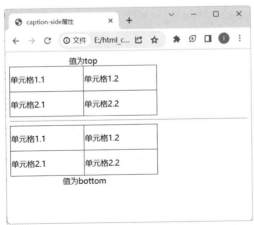

图 5.47　caption-side 属性案例运行效果图

5.6.4　empty-cells 属性

empty-cells 属性设置是否显示表格中的空单元格。其语法如下：

```
empty-cells:hide | show;
```

说明：

- hide：当表格的单元格无内容时，隐藏该单元格的边框。
- show：当表格的单元格无内容时，显示该单元格的边框。
- 该属性只有当表格 border-collapse 属性值为 separate 的时候才起作用。

示例：使用 empty-cells 属性。代码及运行效果如图 5.48 所示。

```
 7      <title>empty-cells属性</title>
 8      <style>
 9          div.box table {
10              width: 300px;
11              height: 100px;
12              border: 1px solid black;
13
14              border-collapse: separate;
15          }
16          div.box table td {
17              border: 1px solid black;
18          }
19          table.one {
20              /* 默认值 */
21              empty-cells: show;
22          }
23          table.two {
24          /* border-collapse属性值为separate时下面的属性才起作用 */
25              empty-cells: hide;
26          }
27      </style>
28  </head>
```

图 5.48　empty-cells 属性案例代码及运行效果图

📖 工作训练

工作训练 1：设计收藏文章列表

【任务需求】

根据项目原型图完成如下任务，设计博主收藏"文章列表"版块，页面效果如图 5.49 所示。

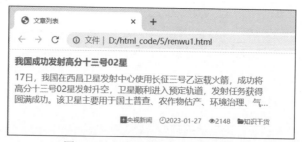

图 5.49　文章列表版块运行效果图

【任务要求】
- 使用字体样式设计文字；
- 使用文本样式设计段落行距、限制行数、字符间距等；
- 实现字体图标效果。

【任务实施】

(1) 使用 div 标签、标题标签、span 标签、超链接标签等组织页面内容；

(2) 利用素材中提供的字体图标，实现字体图标效果；

(3) 为标题设置样式，如高 40px、行高 40px；

(4) 为内容文字设置样式，如段落行高为 20px，设置段落文本行数最多为 3 行，超出的部分使用省略号显示；

(5) 在浏览器中查看运行效果。

实践操作：扫描右侧二维码，观看工作训练 1 的任务实施的详细操作文档。

工作训练 2：设计"联系博主"页面

【任务需求】

根据项目原型图完成如下任务，设计"联系博主"页面，页面效果如图 5.50 所示。

图 5.50　"联系博主"页面运行效果图

【任务要求】
- 使用 div 标签、标题标签、input 标签、button 标签等组织页面内容；
- 设置表单及表单元素；
- 设置元素圆角边框效果。

【任务实施】

(1) 使用 div 标签对页面内容进行外部容器包裹，并设置其宽度为 480px，边框为 1px solid #e2e2e2。

(2) 使用 h1 标签实现标题栏，设置文本水平居中。

(3) 设置主体表单元素的样式，如输入框的高度、行高均为 40px，边框为 1px solid #e2e2e2；文本域的边框样式与输入框边框样式一样；按钮高度设为 40px，宽度为 120px，背景色为#F60 以及字体样式。

(4) 设置输入框、文本域的圆角边框样式，设置圆角半径值为 10px；为按钮添加圆角边框样式，设置圆角半径为 40px。

(5) 在浏览器中查看运行效果。

实践操作：扫描右侧二维码，观看工作训练 2 的任务实施的详细操作文档。

工作训练 3：设计"软件分类"列表版块

【任务需求】

根据项目原型图完成如下任务，设计"软件分类"列表版块，页面效果如图 5.51 所示。

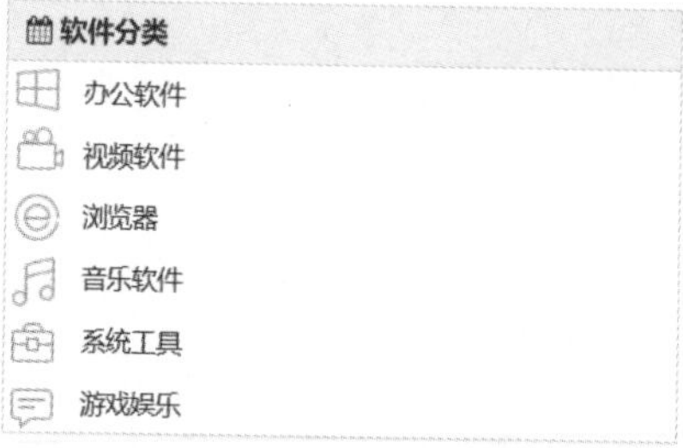

图 5.51　"软件分类"版块运行效果图

【任务要求】

- 设计软件分类列表。
- 使用背景样式设计分类列表的列表符号效果。

【任务实施】

(1) 使用 div 标签设计内容区域，使用 h3 标签、ul、li 标签搭建页面结构。

(2) 设计标题，设置高为 40px、行高为 40px，添加字体图标。

(3) 使用无序列表+超链接标签设计列表项，设置样式，如列表项的高度、行高均为 32px，不显示项目符号，添加左侧填充值并设置背景样式。

(4) 为列表项添加背景定位，利用 CSS 精灵技术实现列表符号效果。

(5) 在浏览器中查看运行效果。

实践操作：扫描右侧二维码，观看工作训练 3 的任务实施详细操作文档。

工作训练 4：设计"文章归档"版块

【任务需求】

根据项目原型图完成如下任务，设计"文章归档"版块，页面效果如图 5.52 所示。

📅 文章归档

2022年10月(3)	2022年11月(3)	2022年12月(3)
2023年01月(3)	2023年02月(3)	2023年03月(3)

图 5.52   "文章归档"版块运行效果图

【任务要求】

- 设计文章归档表格。
- 制作细线表格效果。

【任务实施】

(1) 使用 div 标签设计内容区域，使用 h3 标签、表格标签、超链接标签搭建页面结构；

(2) 设计标题，设置高为 40px、行高为 40px，添加字体图标；

(3) 使用表格标签+超链接标签设计列表项，设置样式，如单元格的高度为 35px、内容水平居中对齐；

(4) 为表格标签添加边框折叠样式，以达到细线边框的效果；

(5) 在浏览器中查看运行效果。

实践操作：扫描右侧二维码，观看工作训练 4 的任务实施详细操作文档。

📖 拓展训练

拓展训练 1：图文混排

【任务需求】

新建一名为"拓展训练 1.html"的文件，结合上面所学的 CSS 样式，实现图文混排，页面效果如图 5.53 所示。

图 5.53   图文混排页面运行效果图

拓展训练 2：设计推荐打卡景点版块

【任务需求】

新建一名为"拓展训练 2.html"的文件，结合上面所学的 CSS 文字样式、字体图标、列表样式等，完成"推荐打卡景点"版块，页面效果如图 5.54 所示。

图 5.54   "推荐打卡景点"版块运行效果图

📖 功能插页

【预习任务】

请仔细观察"博主信息"版块中各个部分所使用的 CSS 样式属性,根据示意图 5.55 的标记,把样式属性填写到表 5.12 中。

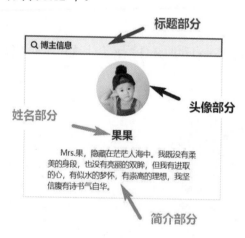

图 5.55   任务示意图

表 5.12   填入各个部分的 CSS 样式属性

页面内容	CSS 样式属性
标题部分	示例:font-family
头像部分	
姓名部分	
简介部分	

【问题记录】

请将学习过程中遇到的问题记录在下面。

【学习笔记】

【思维导图】

任务思维导图如图 5.56 所示，也可扫描右侧二维码查看高清思维导图。

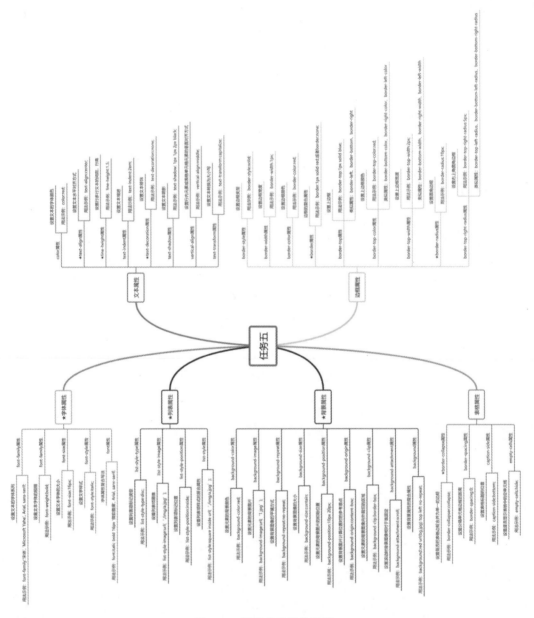

图 5.56　课程内容思维导图

任务
六

设计博客网站的首页

任务需求说明

　　公司需要为一客户设计个人博客网站首页，博客首页需要包含博客的 LOGO、导航菜单、横幅、最新发布的文章列表等内容。根据 UI 设计师设计的页面原型图，需要利用 HTML5 和 CSS3 来制作博客文章网站首页的静态页面，页面主要是由 LOGO、导航菜单、横幅、文章图文列表、搜索、文章归档、博主推荐、热门标签、文章排行榜等版块组成。

📖 课程工单

博客网站首页的 UI 设计图如图 6.1 所示。(请扫描二维码查看高清图片)

图 6.1 博客网站首页设计图

客户要求	(1) 对独立的模块尽可能进行封装，多个模块的公共样式尽可能复用，便于后期维护。 (2) 尽量避免和处理浏览器的 CSS 兼容性问题。 (3) 控制各大版块之间的间距，并合理运用留白，引导用户注意页面中重点核心的信息内容和元素。
设计标准	(1) 注意：处理盒子模型的兼容性问题、标准文档流的微观现象。 (2) 建议遵循 CSS 属性书写顺序(布局定位—盒子模型—文本属性—其他属性)，以保证易读性。 (3) 标题、段落、文字之间适当添加 padding 或 margin 值，使页面显得有条理、更加干净整洁，增强用户体验。

	任务内容	计划课时
工单任务分解	工单任务 6-1：设计文章排行榜版块	2 课时
	工单任务 6-2：设计首页头部版块	2 课时
	工单任务 6-3：设计文章图文列表版块	2 课时
	工单任务 6-4：设计横幅版块	2 课时
	拓展训练 1：设计首页会员信息版块	课后
	拓展训练 2：完善横幅版块	课后

📖 工单任务分解

任务 6-1：设计文章排行榜版块

【能力目标】

① 能正确对页面进行行列模块划分；

② 能灵活运用盒子模型的相关属性控制网页元素；

③ 能根据项目要求合理地对块级标签、行内标签进行转换。

【知识目标】

① 理解标准文档流及元素排列规则；

② 掌握盒子模型的概念及相关属性；

③ 理解块级标签与行内标签的特点、区别。

工作训练 1：制作文章排行榜版块

任务 6-2：设计首页头部版块

【能力目标】

① 能阐述浮动的作用及排列特性；

② 会使用至少两种方法清除浮动。

【知识目标】

① 了解浮动属性；

② 掌握清除浮动、解决浮动塌陷的方法。

工作训练 2：设计首页头部版块

拓展训练 1：设计首页会员信息版块

任务 6-3：设计文章图文列表版块

【能力目标】

① 能熟练应用浮动进行布局；

② 能够利用元素定位进行布局。

【知识目标】

① 初步掌握浮动布局的技能；

② 了解元素布局、层次和位置等相关概念；

③ 理解元素浮动和定位的原理。

工作训练 3：设计文章图文列表版块

任务 6-4：设计横幅版块

【能力目标】

① 能够为元素设置常见的定位模式；

② 能够使用盒子定位的相关属性设置元素的精确位置。

【知识目标】

① 掌握通过定位属性、相对定位、绝对定位、固定定位对元素进行定位的方法；

② 掌握设置元素层叠等级属性的方法。

工作训练 4：设计横幅版块

拓展训练 2：完善横幅版块

📖 思政元素

(1) 通过学习盒子模型的原理及不同浏览器对盒子模型的计算规则，我们能够体会到，在设计网页时，应始终以用户为中心，遵循用户体验的要求；同时，也要学会与他人沟通交流，关注并满足他人的需求。此外，我们也应当遵守与 Web 相关的标准、技术和设计规范及道德规范，在设计中秉持诚信和责任感，坚守高尚的职业道德情操。

(2) 通过在学习中灵活运用盒子、边框、内边距、外边距等网页布局元素，我们不仅可以学会不拘泥于传统的布局方式，还敢于尝试新的元素和组合，以此培养自己的创新思维。同时，通过对盒子模型的精确掌控，我们能够学会从整体角度来考虑网页结构和布局，培养我们的系统思维能力。在未来的职业生涯中，相信我们够更好地应对各种挑战，创造出更加优秀的网页设计作品。

6.1 盒子模型

盒子模型是 CSS 技术使用的一种思维模型，它将 HTML 页面中每个元素视为一个矩形盒子，即盛装内容的容器。在 HTML 页面中，可以把 body 元素看成一个大盒子，里面放有许多小盒子。盒子与盒子之间可以并列排在一行，也可以垂直方式排列；盒子之间允许有一定的嵌套。例如，HTML 文档中不同元素的排列和组合方式不同，页面效果如图 6.2 所示。

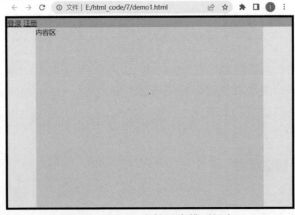

图 6.2　HTML 文档元素排列组合

示例参考代码如图 6.3 所示。

```
9      <style>
10         * {
11             margin: 0;
12             padding: 0;
13         }
14         body {
15             border: 5px solid ■black;
16         }
17         /* 顶部 */
18         div.top {
19             background-color: ■orange;
20         }
21         /* 内容区背景 */
22         div.content-bg {
23             background-color: □antiquewhite;
24         }
25         /* 内容区 */
26         div.content {
27             width: 80%;
28             height: 400px;
29             margin: 0 auto;
30             background-color: □palegreen;
31         }
32      </style>
```

```
34      <body>
35         <!-- 顶部 -->
36         <div class="top">
37             <a href="#">登录</a>
38             <a href="#">注册</a>
39         </div>
40         <!-- 内容区背景 -->
41         <div class="content-bg">
42             <div class="content">
43                 内容区
44             </div>
45         </div>
46      </body>
47
48  </html>
```

图 6.3　HTML 文档元素排列组合代码

6.1.1　标准文档流

标准文档流是指在不使用其他与排列和定位相关的 CSS 规则的前提下，各个元素默认的排列规则。它的排列依据是 HTML 中元素的类型，浏览器在渲染网页内容时默认采用的一套排版规则，该规则规定了不同类型的元素应以何种方式排列。而标准文档流则是指元素排版布局过程中，元素会根据其排列规则从左往右、从上往下的流式排列。因此了解 HTML 中元素的类型对页面布局和网页元素定位有重要影响。

6.1.1.1　HTML 的标签类型及转换

1) 标签类型

HTML 中的标签从 CSS 角度大致分为三个类型：块级标签、行级标签、行内块标签。在本书的任务二我们对这三种类型的标签特点进行了简单介绍，这里结合所学的盒子模型的原理，对其进一步概括，大家可以扫描右侧二维码查看标签类型思维导图。

2) 标签类型的转换

使用 display 属性可以实现三种类型标签的相互转换。

● 块级标签转换为行级标签：display:inline;
● 行级标签转换为块级标签：display:block;
● 块级标签或行级标签转换为行内块标签：display:inline-block;

示例：标签类型的转换、代码及运行结果如图 6.4 所示。

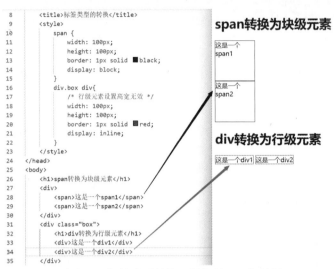

图 6.4 标签类型转换示例代码及运行结果

6.1.1.2 标准流的微观现象

1) 空白折叠现象

HTML 中所有的文字之间，如果有空格、换行、Tab 制表符，在浏览器加载时，连在一起的空白都将被折叠为一个空格显示，如图 6.5 所示；两个图片之间如果在代码中存在换行，浏览器上会有一个空白间隙，如图 6.6 所示。

图 6.5 空白折叠显示

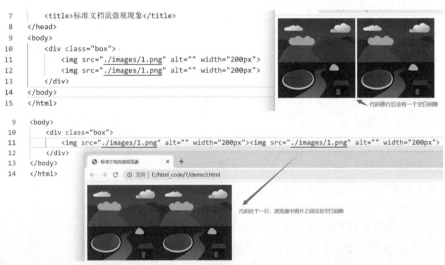

图 6.6 图片空白间隙

2) 文字或图片底部对齐

文字、图片如果大小不一，会让页面的元素出现高矮不齐的现象，但在浏览器中显示元素时会进行底部对齐，如图 6.7 所示。

```
8    <style>
9      div.content{
10         border-bottom: 1px solid ■black;
11     }
12     div.content span:nth-of-type(1){
13         font-size: 18px;
14     }
15     div.content span:nth-of-type(2){
16         font-size: 30px;
17     }
18   </style>
19  </head>
20  <body>
21     <div class="content">
22        <span>矮一点的文字</span> <span>高一点的文字</span>
23     </div>
24     <div class="box">
25         <img src="./images/1.png" alt="" width="100px">
26         <img src="./images/1.png" alt="" width="150px">
27     </div>
28  </body>
```

图 6.7 文字或图片底部对齐

6.1.2 盒子模型原理

在 CSS 中，HTML 网页中的每个元素(盒子)都由四个部分组成：内容(content)、填充(padding)、边框(border)和边距(margin)。除了内容(content)，其他 3 个部分又分别包含上、下、左和右 4 个方向，这 4 个方向的值既可以统一设置也可以分别设置，W3C 标准盒子模型如图 6.8 所示。

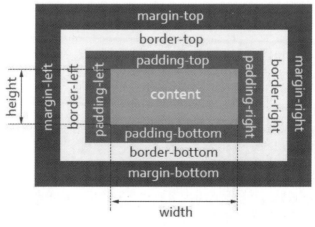

图 6.8 W3C 标准盒子模型

在浏览器中，我们可以借助开发者面板，清楚查看元素的盒子模型信息，如图 6.9 所示。

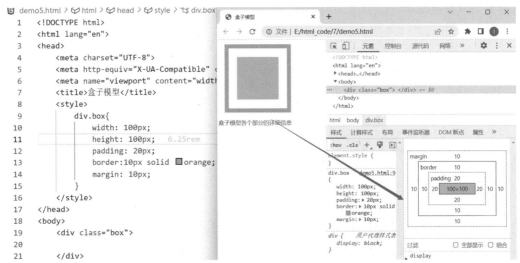

图 6.9　借助开发者面板查看盒子模型信息

默认情况下，盒子在浏览器中所占的空间计算公式为：

元素所占空间宽度=左 padding+左 border+左 margin+width+右 padding+右 border+右 margin。

元素所占空间高度=上 padding+上 border+上 margin+height+下 padding+下 border+下 margin。

6.1.2.1　盒子内容(content)

默认情况下，盒子内容大小由 width(宽度)和 height(高度)属性设置，也就是说盒子的 border 和 padding 是不包含在内容之内的。但是也可以通过 box-sizing 属性修改这种默认设置。具体请参考 box-sizing 属性这一节的内容。

6.1.2.2　盒子填充(padding)

在 CSS 中，padding 属性用于设置元素的内填充，即元素的边框(border)与内容(content)之间的填充距离。可以同时设置 4 个方向的内填充值，也可以分别设置 4 个方向的内填充值。其语法如下：

padding:长度值 | 百分比程序

说明：

- 长度值：固定长度，单位可以是 px 等。
- 百分比：水平(默认)书写模式下，参照包含容器的 width 进行计算，其他情况参照 height 计算，不允许为负值。
- padding 属性的值可以有 4 个、3 个、2 个、1 个。
  - ♦ 若为 4 个值，代表的是上、右、下、左的顺序作用于 4 个方向的内填充。

- 若为 3 个值，代表的是第一个值作用于上填充，第二个值作用于左填充和右填充，第三个值作用于下填充。
- 若为 2 个值，代表的是第一个值作用于上下填充，第二个值作用于左右填充。
- 若为 1 个值，代表 4 个填充值相同。

也可以分别设置上、下、左、右四个方向的填充，如表 6.1 所示。

表 6.1　padding 属性的四个方向

属性名	说明	示例
padding-top	设置上填充	padding-top:20px;
padding-bottom	设置下填充	padding-bottom:10px;
padding-left	设置左填充	padding-left:20%;
padding-right	设置右填充	padding-right:20%;

应用 padding 需要注意以下几点：

- padding 可以撑大元素所占的空间。
- 对行级元素设置左右 padding 有效，设置上下 padding 无效。

案例讲解：扫描右侧二维码，查看关于应用 padding 注意事项的详细文档。

6.1.2.3　盒子边框(border)

border 属性用于设置元素的边框。具体可以参考任务五中 CSS 属性之边框属性一节的内容。

应用 border 需要注意以下几点。

- border 可以撑大元素所占的尺寸。
- 背景色和背景图片默认包含 border 和 padding，如图 6.10 所示。

图 6.10　盒子边框 border 示例代码及运行结果

6.1.2.4　盒子边距(margin)

在 CSS 中，margin 属性用于设置元素的外边距，即可以控制元素与周围元素之间的距离。它可以同时设置 4 个方向的外边距值，也可以分别设置 4 个方向的外边距值。其语法如下。

margin:长度值 | 百分比 | auto

参数说明如下。

- 长度值：固定长度，单位可以是 px 等，可以为负值。
- 百分比：水平(默认)书写模式下，参照包含容器的 width 进行计算，其他情况参照 height 计算，可以为负值。
- auto：水平(默认)书写模式下，垂直的 margin 为 0，水平的 margin 取决于包块的剩余可用空间。
- margin 属性的值可以有 4 个、3 个、2 个、1 个。
    - 若为 4 个值，代表上、右、下、左的顺序作用于 4 个方向的外边距。
    - 若为 3 个值，代表第一个值作用于上边距，第二个值作用于左边距和右边距，第三个值作用于下边距。
    - 若为 2 个值，代表的是第一个值作用于上下边距，第二个值作用于左右边距。
    - 若为 1 个值，代表 4 个边距值相同。

也可以分别设置上、下、左、右四个方向的边距，如表 6.2 所示。

表 6.2　margin 属性的四个方向

属性名	说明	示例
margin-top	设置上边距	margin-top:20px;
margin-bottom	设置下边距	margin-bottom:10px;
margin-left	设置左边距	margin-left:20%;
margin-right	设置右边距	margin-right:20%;

应用 margin 需要注意以下几点。

- margin 可以撑大元素所占的空间。
- 对行级元素设置左右 margin 有效，设置上下 margin 无效。
- 左右外边距会叠加。
- 外边距合并问题。

案例讲解：扫描右侧二维码，查看关于应用 margin 注意事项的详细文档。

6.1.2.5　盒子模型与 box-sizing 属性

对于元素添加 padding、margin 或 border 后，元素所占的空间会增大，对这一问题处理的方式一般有以下几种。

- 减少元素的 width，以便保持盒子所占的宽度合适。
- 修改 box-sizing 属性，以便浏览器重新计算盒子大小。

下面介绍 box-sizing 属性的使用。

在 CSS3 中引入了 box-sizing 属性，它定义如何计算一个元素的总宽度和总高度，默认值为 content-box，这也是浏览器默认使用的标准盒子模型，元素的 padding 和 border 是不被包含在定义的 width 和 height 之内的。可以通过修改 box-sizing 的属性，让浏览器根据其他的计算方式计算盒子大小。其语法如下：

```
box-sizing: content-box|border-box|inherit;
```

参数说明如下。

- content-box：默认值，元素的 padding 和 border 不被包含在定义的 width 和 height 之内。
- border-box：元素的 padding 和 border 被包含在定义的 width 和 height 之内。内容的 width/height=定义的 width/height−border−padding。
- inherit：从父元素继承 box-sizing 属性的值。

示例：使用 box-sizing 属性，参考代码及运行结果如图 6.11 所示。

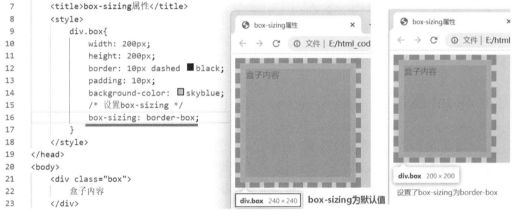

图 6.11　box-sizing 属性示例代码及运行结果

小提示

大部分浏览器都支持 box-sizing，但 IE 家族只有 IE8 及以上版本才支持，虽然大部分浏览器支持 box-sizing，但有些浏览器还需要加上自己的前缀。Mozilla 内核需要加上-moz-，Webkit 内核需要加上-webkit-，Presto 内核加上-o-，IE8 内核加上-ms-，所以 box-sizing 兼容浏览器时需要加上各自的前缀。参考代码如下：

```
-moz-box-sizing: content-box;
-webkit-box-sizing: content-box;
-o-box-sizing: content-box;
-ms-box-sizing: content-box;
box-sizing: content-box;
```

6.2 盒子浮动

在网页中如果所有元素仅按照标准流的方式进行排列，元素的布局和排版会大大受限。有时候，需要将一些块级盒子进行水平排列，可以通过设置盒子浮动来实现。浮动布局也是网页中常见的一种布局方式。例如，华为商城手机专区商品展示页面中每个商品项的盒子呈水平排列，如图 6.12 所示。

图 6.12 华为商城手机专区商品展示效果

6.2.1 float 属性

float 属性用于定义元素是否浮动，往哪个方向浮动。默认情况下，浏览器中所有的元素都是没有浮动的，即 float 属性值为 none。通过设置 float 属性为 left 或 right，能使得元素脱离标准流，向左或向右浮动，停靠在其父容器的左侧边缘或右侧边缘。其语法格式为：

```
float:none | left | right;
```

属性值说明如下。

- none：默认值，不浮动，不脱离标准文档流。
- left：向左浮动，停靠在其父容器的左侧边缘。
- right：向右浮动，停靠在其父容器的右侧边缘。

应用浮动的注意事项如下。

- 任何元素都可以浮动，不管原来是什么模式的元素，浮动的元素具有行内块元素相似的特性。在默认情况下，盒子的宽度不再伸展，宽度根据盒子里面的内容的宽度来决定，如图 6.13 所示。

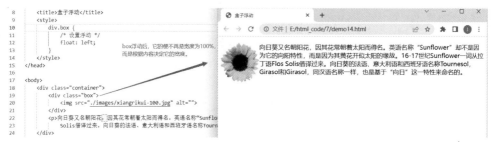

图 6.13　浮动后的元素具有行内块元素的相似特性

- 浮动的元素会脱离标准文档流，该元素后面的元素会占据该元素原本的位置。
- 相同方向浮动的元素，先浮动的元素会显示在前面。
- 一般在同一个父容器中，如果有一个子元素浮动了，理论上其他兄弟元素最好也都浮动，以防引起问题。图文混排除外，因为浮动图片或包容块，文字会围绕图片进行排列。
- 要进行浮动清除。

6.2.2　浮动塌陷及清除

浮动的元素会脱离标准文档流，如果父元素未设置高度，且只包含浮动元素时，这会使得父元素的高度变为 0，引起浮动塌陷。如果不解决浮动塌陷，则会对周围元素的排列带来影响。

6.2.2.1　浮动塌陷

在 HTML 中，大部分场景父容器的高度是由其内容撑开的，而不是设置固定高度。内部的子元素若全部设置了浮动属性，便会脱离标准文档流，释放它原本的位置，这会使得父元素的高度变为 0，父元素中设置的背景等样式变得无效，也会对该父元素周围的元素排列带来问题。

示例：发生浮动塌陷，参考代码及运行结果如图 6.14 所示。

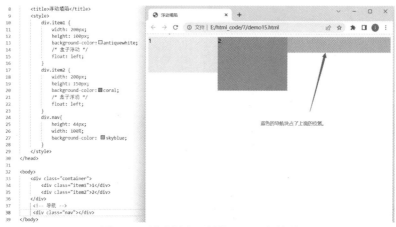

图 6.14　浮动塌陷示例代码及运行结果

从示例中可以看出，container 容器没有设置高度，里面的两个元素 item1、item2 都浮动后，container 容器高度为 0，它后面的 nav 元素会从上面的位置开始排列。

解决浮动塌陷的几种方式：

- 使用 height 属性给父容器设置固定高度。不推荐。因为在一些响应式开发中无法确定给元素设置固定的高度，高度一般是由内容决定的，如图 6.15 所示。

```
 8          <title>解决浮动塌陷</title>
 9          <style>
10              div.container{
11                  /* 给父容器设置固定高度 */
12                  height: 150px;
13              }
```

图 6.15　解决浮动塌陷方式 1

- 使用 clear 属性清除浮动影响。具体方法是，在浮动元素后面添加一个块级空标签，为其设置 clear:both 样式，可以清除左右浮动元素所造成的影响，如图 6.16 所示。

```
 9      <style>
10          div.item1 {
11              width: 200px;
12              height: 100px;
13              background-color:□antiquewhite;
14              /* 盒子浮动 */
15              float: left;
16          }
17          div.item2 {
18              width: 200px;
19              height: 150px;
20              background-color:■coral;
21              /* 盒子浮动 */
22              float: left;
23          }
24          div.nav{
25              height: 44px;
26              width: 100%;
27              background-color: ■skyblue;
28          }
29      </style>
30  </head>
31
32  <body>
33      <div class="container">
34          <div class="item1">1</div>
35          <div class="item2">2</div>
36          <div style="clear: both;"></div>    添加一个块级空标签，为其添加clear属性
37      </div>
38      <!-- 导航 -->
39      <div class="nav"></div>
40  </body>
```

图 6.16　解决浮动塌陷方式 2

- 给父盒子添加 overflow:hidden。注意这种方式会无法显示要溢出的元素，如图 6.17 所示。

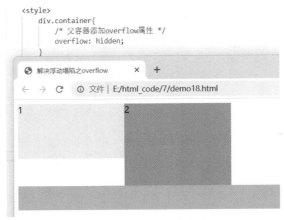

图 6.17 解决浮动塌陷方式 3

- 使用伪元素清除浮动，可以使用单伪元素::before、::after 或者双伪元素来清除浮动，如图 6.18 所示。

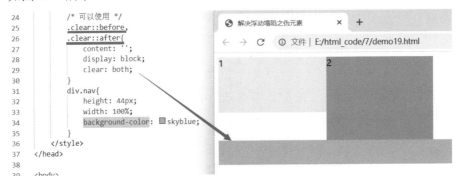

图 6.18 解决浮动塌陷方式 4

6.2.2.2 浮动清除

在 CSS 中，可以使用 clear 属性清除浮动元素对周围元素的影响。其语法是：

```
clear: left|right|both;
```

属性值说明如下。

- left：清除左浮动。
- right：清除右浮动。
- both：清除左右两边的浮动。

6.2.3 浮动应用

网页布局的本质是利用 CSS 来摆放盒子，网页布局的基本准则是：多个块级元素纵向排列使用标准流，多个块级元素横向排列可使用浮动。由于标准流只能按照 HTML 规定好的默认方式进行排列布局，面对特殊的场景，可能就需要"浮动"，浮动可以改变元素的默认排列方式，这使得网页布局更加灵活多变。浮动最典型的应用就是可以让多个块级元素在一行内排列显示。

(1) 多个块级元素纵向排列使用标准流，参考代码如图 6.19 所示，运行结果如图 6.20 所示。

图 6.19　块级元素纵向排列代码

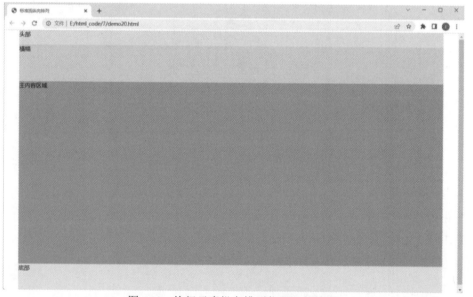

图 6.20　块级元素纵向排列代码运行结果

（2）多个块级元素横向排列使用浮动，页面效果如图 6.21 所示。

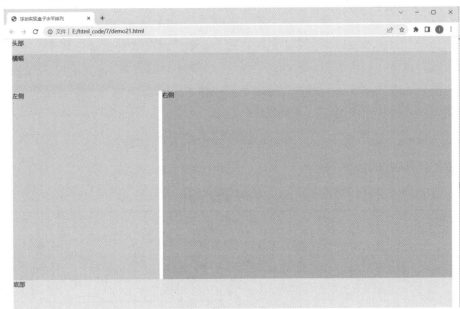

图 6.21　块级元素横向排列

6.3　盒子定位

盒子定位指的是元素盒子在页面中如何确定其位置，默认情况下元素盒子根据 HTML 标准文档流的排列规则进行放置，即每个元素都有默认的位置。为了实现更为丰富的页面效果，常会利用 CSS 的定位技术改变元素的位置，对元素进行精确定位。

6.3.1　定位属性 position

在 CSS 中通过 position 属性实现元素定位。其语法为：

`position:static | relative | absolute | fixed | sticky;`

参数说明如下。

- static：静态定位，默认值。元素将根据标准文档流中的位置按顺序呈现。
- relative：相对定位。元素相对于其原来的正常位置进行定位。
- absolute：绝对定位。元素相对于 static 定位以外的第一个父元素进行定位。
- fixed：固定定位。元素相对于浏览器窗口进行定位。
- sticky：粘性定位。元素基于用户滚动的位置进行定位。

6.3.2 位置偏移属性

利用定位，可以准确地定义元素应该出现的位置，但元素究竟定位到什么位置，需要配合位置偏移属性一起使用，在 CSS 中主要包含四个偏移属性：top、right、bottom、left。利用这四个属性来描述定位元素各边相对于其包含块(每个元素都有一个包含块，它是指元素在页面中摆放的区域)的偏移。其语法为：

top/right/bottom/left: 固定长度值 | 百分比 | auto ;

位置偏移属性如表 6.3 所示。

表 6.3 位置偏移属性

偏移属性	说明	示例
top	定义元素上边线相对于其包含块的垂直距离	top:100px;
bottom	定义元素下边线相对于其包含块的垂直距离	bottom:100px;
left	定义元素左边线相对于其包含块的水平距离	left:-100px;
right	定义元素右边线相对于其包含块的水平距离	right:-50px;

参数说明如下。
- 固定长度值：使用 px、cm 等单位设置元素的偏移量，允许为负值。
- 百分比：使用百分比来设置元素的偏移量，百分比参照包含块的宽高进行计算，允许为负值。
- auto：无特殊定位，根据 HTML 定位规则显示在文档流中。

6.3.3 盒子定位的五种方式

在 HTML 中，盒子定位方式可根据 position 属性值来区分，共有五种方式，分别是：静态定位、相对定位、绝对定位、固定定位、粘滞定位。下面一一介绍。

6.3.3.1 静态定位

当 position 属性值为 static 时，表示元素是静态定位，即没有定位，遵循标准文档流排列方式。设计网页时，元素若没有指定 position 属性，就表示 position 属性值为 static，此时位置属性不会起作用。其语法如下：

position:static;

示例：静态定位。参考代码及运行结果如图 6.22 所示。

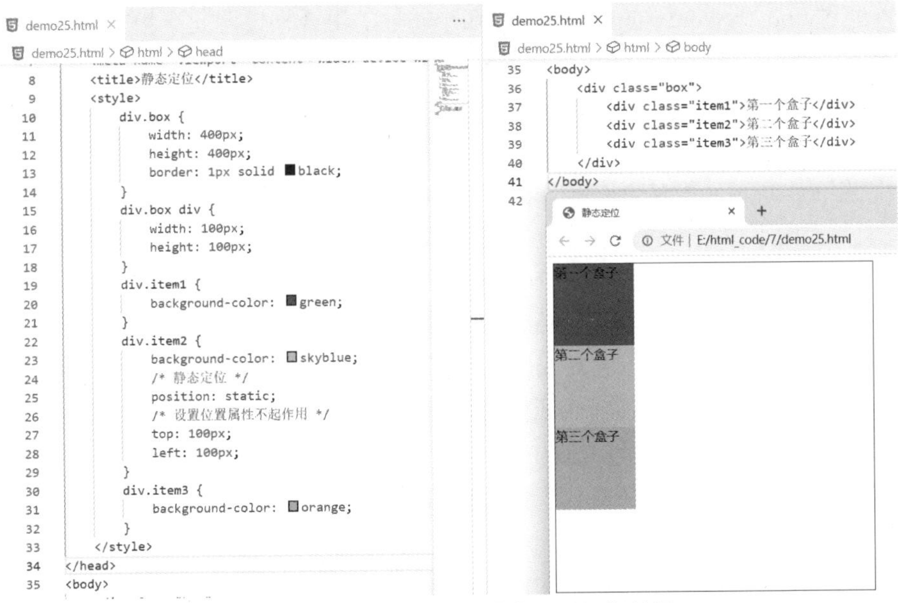

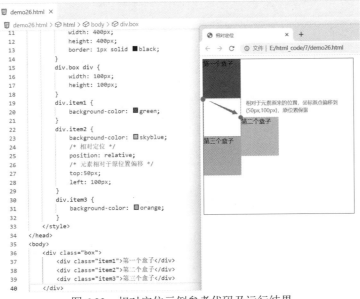

图 6.22 静态定位案例参考代码及运行结果

6.3.3.2 相对定位

当 position 属性值为 relative 时，表示元素是相对定位。相对定位是指元素相对于该元素在标准文档流中的原位置进行定位，可以通过设置 left、right、top 和 bottom 属性来进行偏移，偏移后仅在页面显示上出现坐标变化，而标准文档流中的位置没有发生任何变化，也就是说相对定位的元素本身是不脱离标准文档流的，其位置也不会释放。其语法如下：

```
position:relative;
```

示例：相对定位。参考代码及运行结果如图 6.23 所示。

图 6.23 相对定位示例参考代码及运行结果

可以通过 top、bottom、left 和 right 四个属性的组合来设置元素相对于默认位置在不同方向上的偏移量。一般可以采用 4 个偏移属性中的其中两个实现定位，水平方向使用 left 或 right，垂直方向使用 top 或 bottom，在同一方向不要同时使用 2 个值。

当 position 为 relative 时：

- 使用 top 表示元素是以它在 top 为 0 时的位置为参照物进行垂直方向偏移，正值代表元素向下偏移，负值代表元素向上偏移。
- 使用 bottom 表示元素是以它在 bottom 为 0 时的位置为参照物进行垂直方向偏移，正值代表元素向上偏移，负值代表元素向下偏移。
- 使用 left 表示元素是以它在 left 为 0 时的位置为参照物进行水平方向偏移，正值代表元素向右偏移，负值代表元素向左偏移。
- 使用 right 表示元素是以它在 right 为 0 时的位置为参照物进行水平方向偏移，正值代表元素向左偏移，负值代表元素向右偏移。

根据位置偏移属性的含义，结合 position 的定位方式，可以得出相对定位方式下 top、bottom、left、right 属性的示意图，如图 6.24 所示。

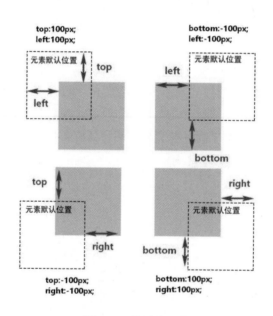

图 6.24　位置偏移属性示意图

此外，需要注意的是，相对定位后的元素会提升元素层级，如图 6.25 所示。

```
8          <title>相对定位提升元素层级</title>
9          <style>
10             div.box {
11                 width: 400px;
12                 height: 400px;
13                 border: 1px solid ■black;
14             }
15             div.box div {
16                 width: 100px;
17                 height: 100px;
18             }
19             div.item1 {
20                 background-color: ■green;
21             }
22             div.item2 {
23                 background-color: □skyblue;
24                 /* 相对定位 */
25                 position: relative;
26                 /* 元素相对于原位置偏移 */
27                 top:50px;
28                 left: 50px;
29             }
30             div.item3 {
31                 background-color: □orange;
32             }
33         </style>
34     </head>
```

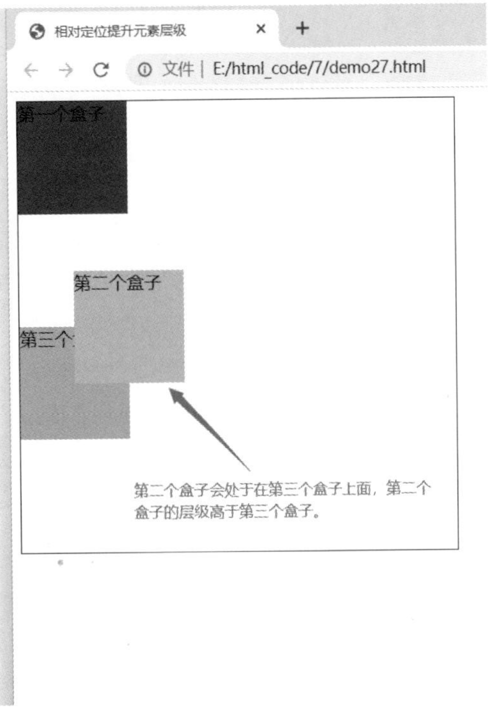

图 6.25　相对定位会提高元素层级

6.3.3.3　绝对定位

当 position 属性值为 absolute 时，表示元素是绝对定位。绝对定位是指元素根据有定位设置(除 static 定位以外)的离自身最近的祖先元素(称之为包含块)作为参照进行定位，如果没有定位的祖先元素，则一直回溯到 body 元素，以浏览器视口左上角为参考原点进行定位。其语法如下：

position:absolute;

当 position 为 absolute 时：

- 使用 top 表示该元素上边框相对于包含块顶部的垂直偏移。
- 使用 bottom 表示该元素下边框相对于包含块底部的垂直偏移。
- 使用 left 表示该元素左边框相对于包含块左侧的水平偏移。
- 使用 right 表示该元素右边框相对于包含块右侧的水平偏移。

绝对定位方式下，也需要配合使用 top、bottom、left 和 right 四个属性来设置元素相对于其包含块不同方向上的偏移量。图 6.26 所示为绝对定位方式下，top、bottom、left 和 right 四个属性的示意图。

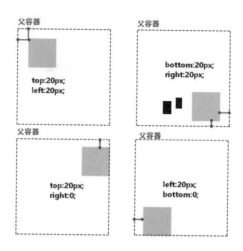

图 6.26　绝对定位位置偏移属性示意图

绝对定位的应用注意事项。

(1) 确定绝对定位的参照物：绝对定位元素参照的是有定位设置(static 除外)的离自身最近的祖先元素，这为绝对定位元素提供坐标偏移的参照物。

示例 1：绝对定位的包含块。代码及运行效果如图 6.27 所示。

```html
8        <title>绝对定位之包含块</title>
9        <style>
10           div.box {
11               width: 400px;
12               height: 400px;
13               border: 1px solid ■black;
14           }
15           div.box div {
16               width: 100px;
17               height: 100px;
18           }
19           div.item1 {
20               background-color: ■green;
21           }
22           div.item2 {
23               background-color: ■skyblue;
24               /* 绝对定位 */
25               position: absolute;
26               /* 元素相对于浏览器左上角偏移 */
27               top:50px;
28               left: 50px;
29           }
30           div.item3 {
31               background-color: ■orange;
32           }
33       </style>
34   </head>
35   <body>
36       <div class="box">
37           <div class="item1">第一个盒子</div>
38           <div class="item2">第二个盒子</div>
39           <div class="item3">第三个盒子</div>
40       </div>
41   </body>
```

图 6.27　绝对定位的包含块

从上面的例子可以得出，绝对定位的包含块是 body，绝对定位的元素会以浏览器左上角为参考原点进行偏移。

思考：若给上例中的类名为 box 的 div 添加定位设置，会是什么效果？此外，这里为类名为 box 的 div 添加绝对定位合适，还是添加相对定位合适？添加绝对定位后的结果如图 6.28 所示。

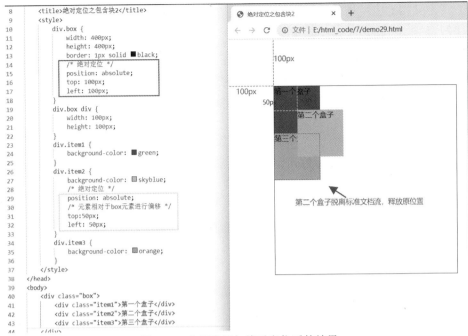

图 6.28　父元素添加绝对定位后的结果

(2) 设置了绝对定位的元素会脱离标准文档流。

(3) 绝对定位会使元素提高一个层级。

(4) 绝对定位会改变元素的性质，行级元素会变成块级，块级元素的宽度和高度默认被内容撑开。

示例 2：绝对定位会改变元素性质。参考代码及运行结果如图 6.29 所示。

图 6.29　绝对定位改变元素性质的结果

(5) 子绝父相的应用场合。

根据上面学习到的绝对定位一般需要和带有定位的祖先元素搭配使用，而祖先元素最好采用相对定位，主要是基于以下两点：

① 子元素使用绝对定位，不占据位置。

② 父元素需占据位置，不脱离标准文档流的位置，不影响后面元素的正常排列，因此使用相对定位。

这就是子绝父相的由来。

示例：子绝父相的应用。参考代码及运行结果如图 6.30 所示。

```
8    <title>子绝父相</title>
9    <style>
10       div.box {
11           width: 220px;
12           height: 220px;
13           border: 1px solid #e2e2e2;
14           /* 父元素相对定位 */
15           position: relative;
16       }
17       div.box>img {
18           width: 100%;
19           height: 100%;
20       }
21       /* 放大镜 */
22       div.magnifier {
23           width: 25px;
24           height: 25px;
25           background-image: url('./images/sprite.png');
26           background-position: 0 -25px;
27           /* 子元素绝对定位 */
28           position: absolute;
29           bottom: 0;
30           right: 0;
31       }
32    </style>
33    </head>
34
35    <body>
36       <div class="box">
37           <img src="./images/chengzi.jpg" alt="">
38           <div class="magnifier">
39           </div>
40       </div>
41    </body>
```

图 6.30　子绝父相示例参考代码及运行结果

6.3.3.4　固定定位

当 position 属性值为 fixed 时，表示元素是固定定位。固定定位是指元素以浏览器视口作为参照进行定位。使用固定定位可以使元素放置在浏览器窗口的固定位置，页面元素不会随着页面的滚动而改变位置。其语法如下：

```
position:fixed;
```

在很多网站中都会采用固定定位设置侧边快捷导航、顶部固定等功能，如京东头部搜索、右侧边栏部分采用固定定位，结果如图 6.31 所示。

图 6.31 京东官网头部及侧边栏固定定位结果

下面的示例使用固定定位来制作仿京东官网固定定位，参考代码如图 6.32 所示。

```
8       <title>固定定位</title>
9       <style>
10          *{
11              margin: 0;
12              padding: 0;
13          }
14          /* 顶部 */
15          div.top{
16              width: 100%;
17              height: 50px;
18              line-height: 50px;
19              text-align: center;
20              /* 固定定位 */
21              position: fixed;
22              top:0;
23              left: 0;
24              background-color: white;
25              border-bottom: 2px solid red;
26          }
27          /* 主内容区 */
28          div.main{
29              height: 1000px;
30              background-color: #e2e2e2;
31          }
32          /* 侧边导航 */
33          div.aside-nav{
34              width: 60px;
35              height: 400px;
36              background-color: orange;
37              /* 固定定位 */
38              position: fixed;
39              top:50%;
40              right: 50px;
41              margin-top: -200px;
42          }
43      </style>
```

```
44  <body>
45      <!-- 顶部 -->
46      <div class="top">
47          头部内容
48      </div>
49      <!-- 主内容区 -->
50      <div class="main">
51      </div>
52      <!-- 侧边导航 -->
53      <div class="aside-nav"></div>
54  </body>
55  </html>
```

图 6.32 仿京东官网固定定位示例参考代码

示例运行结果如图 6.33 所示。

固定定位的应用注意事项：

● 固定定位的元素脱离标准文档流，释放原位置。

● 固定定位的元素可以单独使用，跟其父元素没有任何关系。

● 固定定位的元素不随页面滚动而改变位置。

● 固定定位可以配合 margin 负值实现元素的居中。

● 固定定位会使元素提高一个层级。

图 6.33　仿京东官网固定定位示例运行结果

6.3.3.5　粘滞定位

当 position 属性值为 sticky 时，表示元素是粘滞定位。粘滞定位是指元素以浏览器视口作为参照进行定位。使用粘滞定位可以使元素到达某个位置时，将其放置在浏览器窗口的固定位置，配合 top 值设置，当 top 值未满足要求之前，元素会正常显示，随着滚动条滚动而滚动。其语法如下：

```
position:sticky;
```

在很多网站中都会采用粘滞定位设置页面顶部导航的吸盘效果，如中国工商银行导航栏效果，页面初始效果如图 6.34 所示。

图 6.34　中国工商银行官网界面效果

滚动条滚动时，页面效果如图 6.35 所示。

图 6.35　中国工商银行官网顶部导航效果图

下面使用粘滞定位来制作仿中国工商银行官网粘滞定位，参考代码如图 6.36 所示。

图 6.36 仿中国工商银行官网粘滞定位案例参考代码

示例代码运行结果如图 6.37 所示。

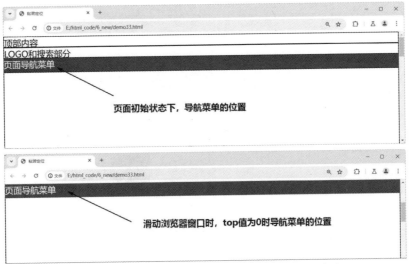

图 6.37 仿中国工商银行官网粘滞定位示例运行结果

粘滞定位的应用注意事项：

- 粘滞定位的元素不会脱离标准文档流，保留原位置。
- 粘滞定位的元素以浏览器为参照物，这点与固定定位特点相似。
- 粘滞定位的元素配合 top 值设置，当 top 值未满足要求之前元素会正常显示，随着滚动条滚动而滚动，达到 top 值后会将其固定，元素不会随着滚动条滚动而滚动，这点与固定定位特点相似。
- 粘滞定位会使元素提高一个层级。

6.3.4　元素的层叠顺序

设置了非 static 定位的元素会提升元素的层级，这将涉及元素的层叠顺序问题，在 CSS 中，可以使用 z-index 属性设置元素的层叠顺序。z-index 值越大表示层级越高，层级高的元素会显示在上层，层级低的元素会显示在下层。其语法如下：

z-index:auto | 整数值;

属性值说明：
- auto：元素的层叠级别是 0；
- 整数值：默认值为 0，用整数值来定义层叠级别，可以为负值；
- 整数值后面不能加单位，若整数值相同，则按照书写顺序，后来者居上。

 小提示

z-index 只能适用于 position 为非 static 的元素，其他标准流元素、浮动元素和静态定位元素无效。

示例：z-index 的使用。参考代码及运行结果如图 6.38 所示。

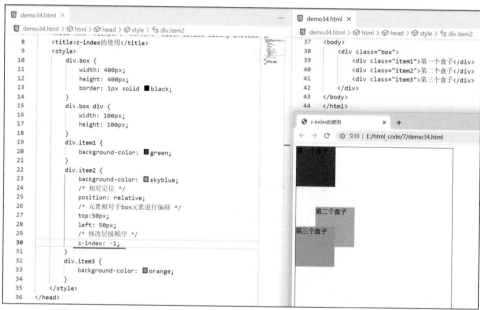

图 6.38　z-index 属性案例参考代码及运行结果

工作训练

工作训练1：设计文章排行榜版块

【任务需求】

修改项目原型图中的文章排行版块样式，设计如图6.39所示的文章排行榜版块。

图6.39 文章排行榜版块结果

【任务要求】

- 使用div标签设计内容区域，使用h4、ul、li标签搭建页面结构；
- 设计版块标题和文章列表；
- 使用盒子模型的相关属性设计列表序号。

【任务实施】

(1) 使用div标签对页面内容进行外部容器包裹，并设置其宽度为380px，边框为1px solid #e2e2e2；

(2) 设计标题，设置高为40px、行高为40px，添加字体图标；

(3) 使用无序列表+超链接标签设计列表项，设置样式，如列表项的高、行高均为32px，不显示项目符号；

(4) 为每个列表项左侧的序号添加样式；

(5) 在浏览器中查看运行效果。

实践操作：扫描右侧二维码，观看工作训练1的任务实施的详细操作文档。

工作训练2：设计首页头部版块

【任务需求】

根据项目原型图完成如下任务，设计首页头部版块，页面结果如图6.40所示。

图6.40 首页头部版块结果

【任务要求】

- 使用 h1 设计头部标题，使用 ul、li、a 等标签设计导航菜单。
- 使用 float 属性设置标题部分和菜单，呈左右水平排列。
- 采用 float 属性设置各个菜单项呈水平排列。
- 为首页添加字体图标。
- 为各个菜单项添加鼠标悬浮效果，悬浮时更改其菜单项的背景色为深橘色，颜色值为#F60。

【任务实施】

(1) 使用 div 标签对头部页面内容进行外部容器包裹，并设置其宽度为 100%，背景色为#222；

(2) 设计头部版心区，宽度为 1200px，高度和行高均为 55px；

(3) 使用无序列表+超链接标签设计导航菜单，其宽度为 800px，设置各个菜单项向左浮动排列在一行，注意清除浮动影响；

(4) 为首页菜单项添加字体图标效果；

(5) 为每个菜单项添加悬浮效果，悬浮后当前菜单项背景设置为天蓝色；

(6) 在浏览器中查看运行效果。

实践操作：扫描右侧二维码，观看工作训练 2 的任务实施的详细操作文档。

工作训练 3：设计文章图文列表版块

【任务需求】

根据项目原型图完成如下任务，设计文章图文列表版块，页面结果如图 6.41 所示。

图 6.41　文章图文列表版块结果

【任务要求】

- 使用 div 标签设计内容区域，使用 h4 标签、a 标签、img 标签、p 标签等搭建页面结构；
- 列表项采用 div 标签实现，采用两列布局，使用 float 属性浮动盒子，排列在一行；
- 使用盒子模型相关属性设置填充、边距等样式。

【任务实施】

(1) 使用 div 标签对页面内容进行外部容器包裹，并设置其宽度为 680px，边框为 1px solid #e2e2e2。

(2) 设计标题，设置高为 40px、行高为 40px，添加字体图标。

(3) 使用 div 两列布局设计列表项，左侧宽度为 200px，内容为图片；右侧宽度为 480px，内容包括内容标题、内容文本和图标链接。

(4) 设置图片自适应、文本样式、段落样式等。

(5) 在浏览器中运行并查看结果。

实践操作：扫描右侧二维码，观看工作训练 3 的任务实施的详细操作文档。

工作训练 4：设计横幅版块

【任务需求】

根据项目原型图完成如下任务，设计首页横幅版块，页面效果如图 6.42 所示。

图 6.42　首页横幅版块效果图

【任务要求】

- 利用 div、img、p 等标签搭建页面结构。
- 设置横幅外容器的边框、填充样式。
- 设置标题栏的定位在横幅底部。

【任务实施】

(1) 使用 div 标签对页面内容进行外部容器包裹，并设置其宽度为 680px，边框为 1px solid #e2e2e2、内填充为 5px；

(2) 设计图片自适应父容器；

(3) 设计标题栏，使用子绝父相，将其定位在横幅底部；为其添加样式，如高度 40px，左右填充为 10px，背景色半透明 rgba(0,0,0,0.5)；

(4) 在浏览器中运行查看效果。

实践操作：扫描右侧二维码，观看工作训练 4 的任务实施详细操作文档。

📖 拓展训练

拓展训练 1：设计首页会员信息版块

【任务需求】

利用给定的字体图标素材，设计首页会员信息版块，页面结果如图 6.43 所示。

图 6.43 首页会员信息版块结果

拓展训练 2：设计横幅版块

【任务需求】

在任务四的基础上，实现图片向左或向右切换图标静态效果，页面效果如图 6.44 所示。

图 6.44 横幅版块切换效果图

📖 功能插页

【预习任务】

使用百度浏览器中打开学院官网,借助开发者工具查看首页导航模块的盒子模型信息,并完成以下任务:

- 首页导航模块最外层盒子,在 PC 端页面中所占空间是多少?请列出它的宽高值。
- 首页导航模块最外层盒子,在 PC 端页面中其盒子多大?请列出它的宽高值。
- 它是否使用了定位方式?若使用了,请写出其定位方式。
- 若使用了定位方式,请写出它使用的位置偏移属性的相关信息。

【问题记录】

请将学习过程中遇到的问题记录在下面。

【学习笔记】

【思维导图】

任务思维导图如图 6.45 所示，也可扫描右侧二维码查看高清任务思维导图。

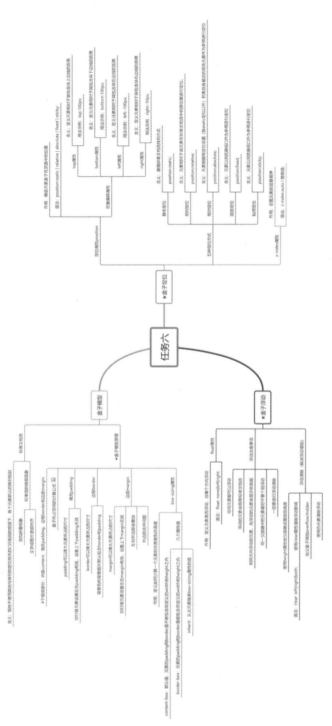

图 6.45　课程内容思维导图

任务
七

网页布局设计

📖 任务需求说明

公司需要为某客户设计个人博客网站，整个网站由首页、博客内容页、博主介绍、联系方式等一些页面组成。在设计不同的页面或版块内容时，会利用不同的网页布局方式。与客户沟通协商后，确定使用 DIV+CSS 经典布局来设计网站各页面的整体布局；导航菜单采用列表布局设计；为适应不同的屏幕分辨率，部分版块内容采用流动布局，如博客下载中心版块。

📖 课程工单

<table>
<tr>
<td colspan="2">

博客网站首页的 UI 设计图如图 7.1 所示。(请扫描二维码查看高清图片)

图 7.1 博客网站首页设计图

</td>
<td colspan="2">

博客下载中心的 UI 设计图如图 7.2 所示。(请扫描二维码查看高清图片)

图 7.2 博客下载中心设计图

</td>
</tr>
</table>

客户要求	(1) 首页应该要明确功能模块规划,有清晰、人性化的类别选项,让访问者可以快速找到自己想要浏览的内容。 (2) 首页应具备基本的页面元素,如导航栏、LOGO、Banner 等。导航栏应该放置在页面的顶部,以便用户快速找到所需信息。 (3) 布局设计要求精心编排、层次清晰、方便浏览、美观实用。 (4) 布局时考虑后续交互效果处理的便利性,必要时预留出交互效果中涉及的样式类(如鼠标单击后的样式等)。
设计标准	(1) 页面布局遵循先结构后样式的原则。 (2) 需要确定页面的版心区(可视区)。 (3) 准确分析页面行模块及每个行模块中的列模块。

	任务内容	计划课时
工单任务分解	工单任务 7-1:设计网站首页布局	2 课时
	工单任务 7-2:使用语义化标签完成首页布局	1 课时
	工单任务 7-3:设计课程资源列表版块	2 课时
	工单任务 7-4:设计下载中心版块	1 课时
	拓展训练 1:设计博客菜单及二级子菜单	课后
	拓展训练 2:完成浮动布局案例	课后

📖 工单任务分解

任务 7-1：设计网站首页布局

【能力目标】

① 能准确对页面进行结构划分；

② 能够按表现和结构分离的原则，完成页面的布局，并符合浏览器的兼容性要求。

【知识目标】

① 熟练掌握常见页面的布局方法；

② 掌握常见的网页布局应用及布局技巧。

工作训练1：设计网站首页布局

任务 7-2：使用语义化标签完成首页布局

【能力目标】

① 能说出常用的语义化标签名及其作用；

② 能灵活使用语义化标签搭建页面结构。

【知识目标】

① 了解语义化的概念；

② 掌握与布局相关的语义化标签的用法。

工作训练2：使用语义化标签完成首页布局。

拓展训练1：设计博客菜单及二级子菜单

任务 7-3：设计课程资源列表版块

【能力目标】

① 能根据项目需求灵活采用不同的浮动布局；

② 能熟练编写常见的浮动布局代码。

【知识目标】

① 了解浮动布局；

② 掌握常见的几种浮动布局。

工作训练3：设计课程资源列表版块

任务 7-4：设计下载中心版块

【能力目标】

能使用百分比布局来设计网页。

【知识目标】

① 了解百分比(也称流式)布局的特点及优势；

② 了解流式布局、瀑布流布局的基本原理。

工作训练 4：设计下载中心版块

拓展训练 2：完成浮动布局案例

📖 思政元素

(1) 在学习网页布局的过程中，我们可运用辩证思维的方式进行分析，深入探索和对比近年来各大主流网站的布局设计、颜色搭配及高端前端技术的应用。这一过程不仅增强了我们对国内前端技术的认同感，还提升了我们对自身技术能力的信心。在此基础上，我们可积极探索新技术，勇于创新，致力于在网页设计中实现更多突破。

(2) 在对网页布局设计时，我们应有意识地关注环保和可持续发展方面的问题，采取诸如减少不必要的空白区域、优化图片大小和压缩比率、使用最小化的代码等方式来降低页面的载入时间和资源消耗。通过这些措施，我们不仅能提升自己的节能减排环保意识，还能树立可持续发展的科学发展观。

7.1 DIV+CSS 布局

DIV+CSS 的网页标准化设计是 Web 标准中的一种新布局方式，与传统通过表格(table)布局定位的方式不同，它可以实现网页页面内容与表现分离。DIV 泛指使用 div 标签为 HTML 文档内大块(block-level)的内容提供结构和背景的元素[①]；CSS(Cascading Style Sheets，层叠样式表)用于定义 HTML 元素的样式。

7.1.1 常见网页布局

DIV+CSS 网页布局是网页设计者必须掌握的基础布局技术，常见的网页布局有单列、两列、三列等几种，下面一一介绍。

7.1.1.1 单列布局

单列布局是网页布局的基础，所有复杂的布局都是在此基础上演变而来的。单列布局是指页面的块级元素呈纵向排列，水平方向为单独的一列且水平居中，这种布局方式一般用于设计页面各个组成部分的版心区域。版心(可视区)指网页中的主体内容区域，浏览器页面中除去左右两边的留白，剩下的以文字、图片、视频等页面元素为主要组成部分。一般版心区域在浏览器中居中显示，版心宽度常见的有 960px、980px、1000px、1200px、1330px等。进行页面布局时，首先应该确定页面版心，通过分析页面中纵向排列的行模块，并把每一个行模块中的单列模块作为版心模块，再使用 DIV+CSS 布局控制网页的每个模块。

以博客下载中心网页为例，分析页面的版心，如图 7.3 所示。

---

① 资料来源：百度百科。

图 7.3 博客下载中心网页版心

对图 7.3 进行分析可以得出：

- 各个行模块的版心区域宽度一般都相同，且在浏览器中居中显示。
- 若行模块最外层有背景色，则该行模块宽度应为 100%，内部需要嵌套一个版心区域块。若没有背景色，则可以只把版心区域块作为行模块。

示例参考代码如图 7.4 所示。

```
4  ∨ <head>
9        <style>
10           * {
11               margin: 0;
12               padding: 0;
13               font-size: 32px;
14               font-weight: 800;
15
16           }
17
18           /* 头部 */
19           div.top-bg {
20               width: 100%;
21               background-color: #e2e2e2;
22               color: black;
23           }
24
25           div.top {
26               /* 版心宽度 */
27               width: 1200px;
28               height: 40px;
29               margin: 0 auto;
30               background-color: antiquewhite;
31               color: black;
32           }
33
34           /* 横幅 */
35           div.banner {
36               /* 版心宽度 */
37               width: 1200px;
38               height: 100px;
39               margin: 0 auto;
40               background-color: plum;
41           }
42
43           /* 内容区 */
```

```
4    <head>
9        <style>
42
43           /* 内容区 */
44           div.xiazai {
45               /* 版心宽度 */
46               width: 1200px;
47               height: 200px;
48               margin: 0 auto;
49               background-color: skyblue;
50           }
51
52           /* 底部 */
53           div.footer {
54               width: 100%;
55               height: 100px;
56               margin: 0 auto;
57               background-color: black;
58               color: white;
59           }
60        </style>
61    </head>
62
63    <body>
64        <!-- 头部 -->
65        <div class="top-bg">
66            <div class="top">头部</div>
67        </div>
68        <!-- 横幅 -->
69        <div class="banner">横幅</div>
70        <!-- 内容区 -->
71        <div class="xiazai">内容区</div>
72        <!-- 底部 -->
73        <div class="footer">底部</div>
74    </body>
75
```

图 7.4 博客下载中心网页版心示例参考代码

示例代码运行结果如图 7.5 所示。

图 7.5　博客下载中心网页版心示例运行结果

在上面的单列布局中，若多个连续的行模块结构组织相同，也可以将其设计成一个大的行模块，内部再细分为上下的单列结构。只是一般建议根据网页内容分行模块组织，以避免后期维护带来的不便，改造后的代码参考如图 7.6 所示。

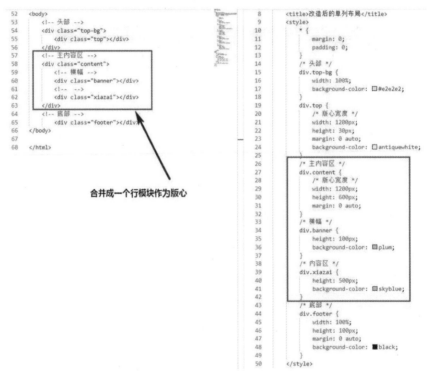

图 7.6　改造版心示例运行结果

7.1.1.2　两列布局

常见的两列布局是用于各个行模块或版心区域中对多个块级元素进行水平排列，在浮动布局一节内容中，也提到过多个块级元素横向排列使用浮动实现。两列布局又可以分为两列定宽布局、左列定宽右列自适应布局等常见的布局类型。

(1) 两列定宽布局。两列采用固定宽度设计，采用浮动实现块级元素横向排列。需要注意的是两列的块级元素所占的空间大小不能超过版心的最大宽度。在本例中，根据上面博客下载中心的内容区，设计两列定宽布局，其结果如图 7.7 所示。

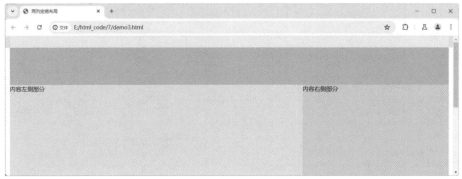

图 7.7　两列定宽示例运行结果

示例参考代码如图 7.8 所示。

图 7.8　两列定宽示例参考代码

（2）左列定宽右列自适应布局。左列设置固定宽度并向左浮动，右侧设置左外边距，其边距长度与左侧宽度正好相等。

示例：实现左列定宽右列自适应布局。运行结果如图 7.9 所示。

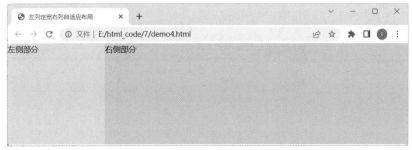

图 7.9　左列定宽右列自适应示例运行结果

示例参考代码如图 7.10 所示。

图 7.10　左列定宽右列自适应示例参考代码

7.1.1.3　三列布局

常见的三列布局一般是用于各个行模块或版心区域中对多个块级元素进行水平排列，在浮动布局这一节内容中，也提到过多个块级元素横向排列使用浮动实现。三列布局又可以分为三列定宽布局、两列定宽一列自适应布局等常见的布局类型。

(1) 三列定宽布局。三列采用固定宽度设计，采用浮动实现块级元素横向排列。需要注意的是三列的块级元素所占的空间大小不能超过版心的最大宽度。在本例中，根据上面明星网首页的头部区，设计三列定宽布局，代码及运行结果如图 7.11 所示。

图 7.11　三列定宽案例参考代码及运行结果

（2）两列定宽一列自适应布局。左列、中列设置固定宽度并向左浮动，右侧设置左外边距，其边距长度等于左列宽度与中列宽度之和。实现原理与左列定宽右列自适应布局的原理相似。

示例：实现两列定宽一列自适应布局。运行结果如图 7.12 所示。

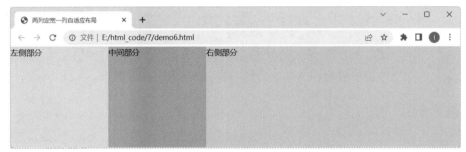

图 7.12　两列定宽一列自适应案例运行结果

示例参考代码如图 7.13 所示。

图 7.13　两列定宽一列自适应示例参考代码

（3）左右列定宽中列自适应布局。左列设置固定宽度并向左浮动，右侧设置固定宽度并向右浮动，中间部分宽度为 100%自适应。

示例：实现两列定宽一列自适应布局，运行结果如图 7.14 所示。

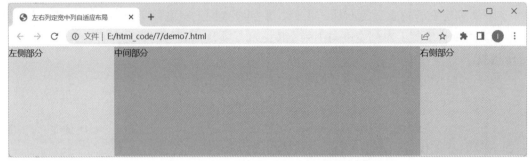

图 7.14　左右列定宽中列自适应示例运行结果

示例参考代码如图 7.15 所示。

图 7.15　左右列定宽中列自适应示例参考代码

7.1.1.4　使用语义化标签布局

在使用 DIV+CSS 布局时，常常需要通过为 div 命名的方式来区分网页中模块。在 HTML5 中新增了新的语义化结构标签，使得页面结构更规范、易维护，让文档更加易读，搜索引擎也能更好地解释页面中各部分间的关系，语义标签的使用不会对内容有本质的影响。使用 HTML5 中新增的语义化结构标签进行布局，如图 7.16 所示。

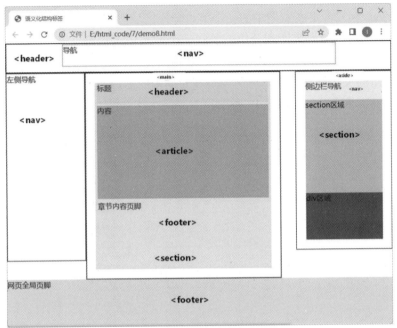

图 7.16 语义化结构标签

下面详细介绍 HTML5 常用的语义化结构标签。

- <header>标签：头部标签，定义文档或文档部分区域的页眉，可作为页面导航栏的容器或者内容区域的标题划分，常用来包含网站 LOGO 图片、搜索表单或者其他相关内容。在 HTML 网页中，并不限制 header 元素的个数，一个网页文档中可以定义多个 header 元素，也可以为每个内容块添加 header 元素，但需要注意的是 header 元素不能作为 address、footer 或 header 元素的子元素。

- <nav>标签：导航标签，定义导航链接的区域部分。该标签仅表示该区域是导航链接，并没有实际的显示效果，nav 标签中的内容通常是链接列表。在一个网页文档中可以定义多个 nav 元素。

- <main>标签：定义文档的主要内容，main 元素中的内容对于文档来说应当是唯一的，一个文档中不应该包含多个 main 标签，<main>标签不应用作<article>、<aside>、<header>、<footer>或<nav>元素的子元素。

- <article>标签：定义文档中独立的内容，在不同的网站中用于表示独立内容区域、可复用的区域等，一般常用来做内容展示。如在博客网站中，它可能是博客文章、用户评论、论坛帖子或者其他独立的内容区域；在商城网站中，它可能是商品展示区、个人收藏、用户订单等内容。<article> 标签可以嵌套使用，表示内外层内容关联。

- <aside>标签：定义和其他页面内容无关联的部分，常用来作为页面全局侧边栏，或者被包含在 article 元素中作为主要内容的附属信息部分。

- <footer>标签：定义网页的页脚部分或者一个章节内容的页脚。在一个文档中可以定义多个<footer>元素，但<footer>标签中不能包含<footer>或者<header>标签。

- <section>标签：定义文档中的一个节、分段区域，常用来对页面的内容进行分块。它通常由标题和内容两部分组成，在一个网页中可以定义多个<section>标签，表示一组相似的主题内容区块，也可以互相嵌套。

示例：使用语义化标签布局。将两列定宽布局中的示例使用语义化标签进行改写，页面显示结果不变，参考代码如图 7.17 所示。

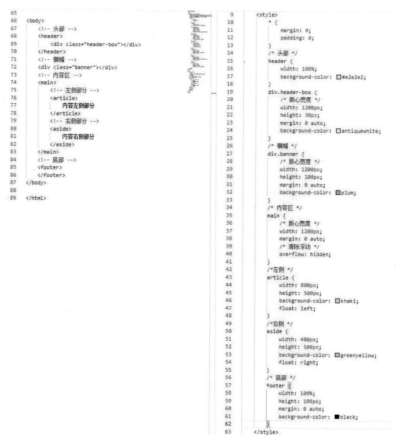

图 7.17　语义化结构标签示例参考代码

 小提示

　　关于语义化结构标签的兼容性问题：虽然 HTML5 新增了这些实用的语义化结构标签，但是很多新特性在各大浏览器中的支持并不好。如 IE8 及以下的版本基本是不支持这些语义化结构标签的，在 IE9 及以上版本中也只有部分支持；Chrome、Opera 和 Firefox 等浏览器中的支持度较好。

7.1.2　列表布局

　　列表一般不用于对网页整体的布局，有序列表和无序列表常用于制作页面导航、一级或二级菜单、定义列表可用于制作图文混排等内容。下面介绍一些典型的列表布局的示例。

7.1.2.1　制作一级水平导航菜单(不等宽菜单项)

利用无序列表制作一级水平导航菜单，各菜单项因文字长短不一而宽度不等，但各菜单项之间的间距相同，鼠标指针悬浮到每个菜单项后改变其背景色，仿中国国际高新技术成果交易会网站的水平导航菜单的结果如图7.18所示。

图7.18　一级水平导航菜单(不等宽菜单项)示例运行结果

示例参考代码如图7.19所示。

```
10    * {
11        margin: 0;
12        padding: 0;
13    }
14    a{
15        text-decoration: none;
16    }
17    li{
18        list-style-type: none;
19    }
20    div.box{
21        width: 100%;
22        background-color: #005386;
23    }
24    /* 菜单 */
25    ul.menu{
26        width: 1120px;
27        height: 58px;
28        line-height: 58px;
29        background-color: #005386;
30        margin: 0 auto;
31    }
32    ul.menu li{
33        float: left;
34        padding: 0 20px;
35        margin: 0 5px;
36    }
37    ul.menu li a{
38        font-size: 20px;
39        font-weight: bold;
40        color: white;
41    }
42    /* 悬浮 */
43    ul.menu li:hover{
44        background-color: #97CA31;
45    }
46    </style>
```

```
49    <body>
50        <div class="box">
51            <!-- 菜单，居中区980 -->
52            <ul class="menu">
53                <li><a href="#">首页</a></li>
54                <li><a href="#">高交会2022</a></li>
55                <li><a href="#">线下展览与展示</a></li>
56                <li><a href="#">论坛及活动</a></li>
57                <li><a href="#">参展指引</a></li>
58                <li><a href="#">参观指引</a></li>
59                <li><a href="#">媒体指引</a></li>
60                <li><a href="#">线上展会</a></li>
61            </ul>
62        </div>
63    </body>
64
65    </html>
```

图7.19　一级水平导航菜单(不等宽菜单项)示例参考代码

7.1.2.2　制作一级水平导航菜单(等宽菜单项)

利用无序列表制作一级水平导航菜单，设定各菜单项的宽度相等，鼠标指针悬浮在每个菜单项后改变其背景颜色，仿中国志愿服务网站的水平导航菜单的结果如图7.20所示。

图7.20　一级水平导航菜单(等宽菜单项)示例运行结果

示例参考代码如图 7.21 所示。

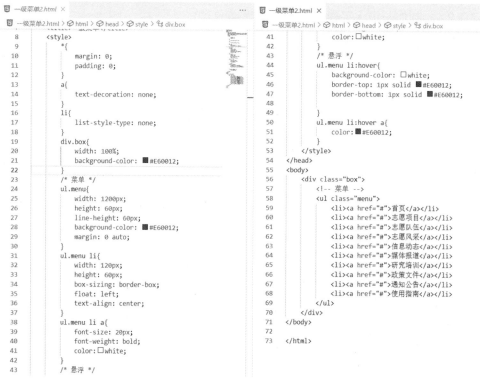

图 7.21　一级水平导航菜单(等宽菜单项)示例参考代码

7.1.2.3　制作一级垂直导航菜单

利用无序列表制作一级垂直导航菜单，考虑到菜单项数量不确定(后台返回菜单数据的话)的情况，菜单模块不设置固定高度，且每个菜单项也不设置固定高度，以便扩展。鼠标指针悬浮在每个菜单项后改变其背景颜色，仿中国国际高新技术成果交易会网站的垂直导航菜单的结果如图 7.22 所示。

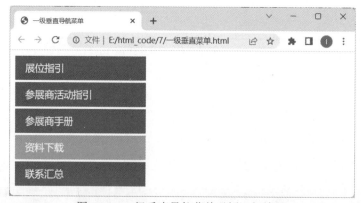

图 7.22　一级垂直导航菜单示例运行结果

示例参考代码如图 7.23 所示。

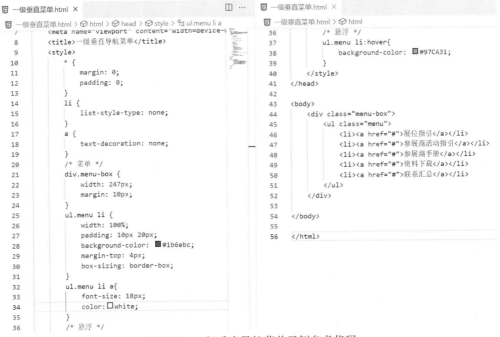

图 7.23　一级垂直导航菜单示例参考代码

7.1.2.4　制作二级垂直导航子菜单

在 7.1.2.1 节中制作的一级水平导航菜单的基础上增加二级垂直导航子菜单，当鼠标指针悬浮在一级菜单后显示二级子菜单，并设置悬浮后的样式，仿中国国际高新技术成果交易会网站的二级导航菜单的结果如图 7.24 所示。

图 7.24　二级垂直导航菜单案例运行结果

示例参考代码如图 7.25 所示。

图 7.25 二级垂直导航菜单示例参考代码

7.1.2.5 制作二级水平导航子菜单

在一级垂直导航菜单的基础上添加二级水平导航子菜单,当鼠标指针悬浮在一级菜单项时,弹出二级子菜单,并设置悬浮后的样式,页面结果如图 7.26 所示。

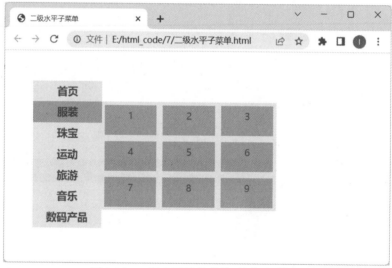

图 7.26 二级水平导航菜单示例运行结果

示例参考代码如图 7.27 所示。

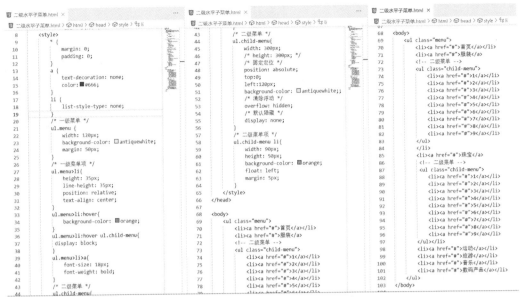

图 7.27 二级水平导航菜单示例参考代码

7.1.2.6 利用定义列表实现图文混排

图文混排是网页中经常看到的效果，有些是左图右文字内容，有些是上图下文字内容，这里介绍使用定义列表中 dt 元素和 dd 元素的不对齐实现上图下文字的图文混排结果，如图 7.28 所示。

图 7.28 图文混排示例参考代码及运行结果

7.1.3 表格布局

表格一般不用于网页整体的布局，常用于表单输入、数据呈现的区域内容布局。表格由多个单元格整齐排列而成，由于表格在布局上有自己的特性，它会遵循一定的原理进行单元格列宽计算,因此宽度分配对于表格来说是一个需要探讨的问题。这里涉及 table-layout 属性，它的作用是设置表格布局算法。

7.1.3.1 表格布局自动算法

表格样式属性 table-layout:auto 表示表格布局采用默认的自动算法。这表示布局将基于各单元格的内容，列宽由单元格内容设定。

使用自动算法进行表格布局需要注意以下几点。

- 表格默认宽度不是 100%，默认情况下，表格的宽度和高度根据内容自动调整。
- table 的 width 值有可能不是表格的最终宽度,当表格内部的内容宽度超过 width 时，表格的宽度是读取计算每一个单元格之后的最终结果。
- td 的 width 值也可能不是单元格的最终宽度,当单元格定义的值小于内容的最小宽度时，单元格宽度为内容的最小宽度，如图 7.29 所示。

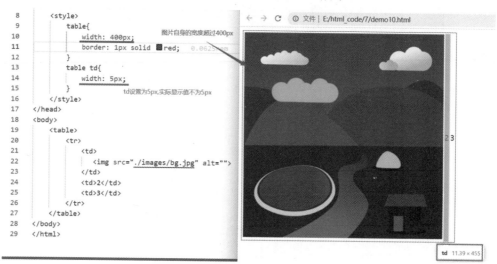

图 7.29　表格布局自动算法示例 1

- 设置 tr 标签的 width 不起作用。
- 当设置了 table 的 width 值时，若表格内部的内容宽度不超过 width，会根据剩余空间自动为每一列分配列宽，以便所有列之和等于表格 width 值，如图 7.30 所示。

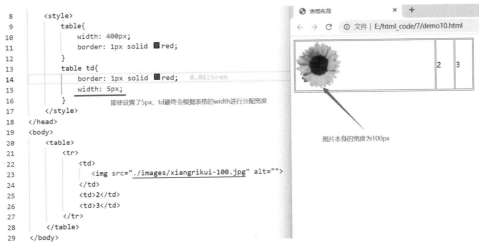

```
8      <style>
9          table{
10             width: 400px;
11             border: 1px solid ■red;
12         }
13         table td{
14             border: 1px solid ■red;    0.0625rem
15             width: 5px;
16         }
                即使设置了5px, td最终会根据表格的width进行分配宽度
17     </style>
18 </head>
19 <body>
20     <table>
21         <tr>
22             <td>
23                 <img src="./images/xiangrikui-100.jpg" alt="">
24             </td>
25             <td>2</td>
26             <td>3</td>
27         </tr>
28     </table>
29 </body>
```

图 7.30　表格布局自动算法示例 2

小结：若采用自动算法进行表格布局，建议首先为表格 table 添加 width 值，这样表格可以自定义分配列宽；再为部分单元格 td 设置列宽，对表格的列宽进行调整；注意某个列的内容(如图片等)宽度不应超过表格分配的最大列宽。

7.1.3.2　表格布局固定算法

表格样式属性 table-layout:fixed 表示表格布局采用固定布局算法，表格的宽度会固定，意味着单元格里的内容可能会换行或者溢出。

使用固定布局算法需要注意以下几点。

- 固定表格布局中，宽度取决于表格宽度、列宽度、表格边框宽度、单元格间距，而与单元格的内容无关。
- 表格设置了 width 和 height 属性，若设置的单元格列宽之和比表格设置的宽高总和大，那么表格的实际宽高就等于每个单元格宽高之和，但是若单元格宽高之和比表格定义的宽高小，那么表格的宽高属性则为表格设置的宽高值。
- 使用固定表格布局，建议给表格的单元格定义宽度。

查看文档：扫描右侧二维码，查看表格布局固定算法的详细说明文档。

7.2　浮动布局

在网页中所有元素仅按照标准流的方式进行排列的话，元素的布局和排版会大大受限。有时候，需要将一些块级盒子进行水平排列，可以通过设置盒子浮动来实现。浮动布局也是网页中常见的一种布局方式。如华为商城手机专区商品展示页面中每个商品项的盒子呈水平排列，如图 7.31 所示。

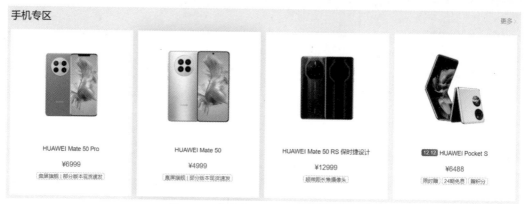

图 7.31　华为商城手机专区商品页面

接下来介绍一些常见的浮动布局。

7.2.1　图文环绕

图文环绕就是文字环绕图片进行布局，这是浮动的早期应用场景。

示例：使用浮动实现图文环绕效果，运行结果如图 7.32 所示。

图 7.32　图文环绕

示例参考代码如图 7.33 所示。

图 7.33　图文环绕示例参考代码

7.2.2 等分宫格

在很多网站中都有类似等分格子划分区域，形成等分宫格，对类似内容进行排列和组织，例如华为商城中笔记本电脑专区商品排列的页面，如图7.34所示。

图7.34 华为商城笔记本电脑专区商品页面

使用浮动可以实现多个块级元素水平排列，模仿图7.34排列组织页面，效果如图7.35所示。

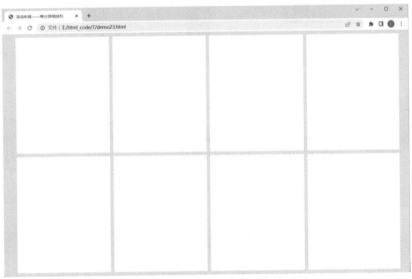

图7.35 仿华为商城电脑专区商品页面

示例参考代码如图7.36所示。

```
 7    <meta name="viewport" content="width=device-wid
 8    <title>浮动布局——等分宫格排列</title>
 9    <style>
10        * {
11            margin: 0;
12            padding: 0;
13        }
14        body {
15            background-color: #e2e2e2;
16        }
17        div.box {
18            width: 1200px;
19            margin: 0 auto;
20            overflow: hidden;
21        }
22        div.item {
23            width: 290px;
24            height: 350px;
25            background-color: white;
26            margin: 10px 0 0 10px;
27            float: left;
28        }
29    </style>
```

```
32  ∨ <body>
33        <div class="box">
34            <div class="item">
35            </div>
36            <div class="item">
37            </div>
38            <div class="item">
39            </div>
40            <div class="item">
41            </div>
42            <div class="item">
43            </div>
44            <div class="item">
45            </div>
46            <div class="item">
47            </div>
48            <div class="item">
49            </div>
50        </div>
51    </body>
52
53  </html>
```

图 7.36 仿华为商城笔记本电脑专区商品页面示例参考代码

7.2.3 两行定宽排列

在上面的多个水平排列的基础上，可以对区域大小进行合理规划和调整，以设计更丰富的网页布局，如小米商城首页中手机专区的展示内容区域，如图 7.37 所示。

图 7.37 小米商城手机专区商品页面

把上例所示内容分为左右两个区域，右侧区域中的盒子宽度与左侧区域盒子宽度相等，高度则为左侧盒子高度的 50%，参考代码如图 7.38 所示。

```
demo24.html ×
demo24.html > html > head > style > div.first
8        <title>浮动布局</title>
9        <style>
10           * {
11               margin: 0;
12               padding: 0;
13           }
14           body {
15               background-color: #e2e2e2;
16           }
17           div.box {
18               width: 1220px;
19               margin: 0 auto;
20               overflow: hidden;
21           }
22           div.first{
23               width: 234px;
24               height: 710px;
25               background-color: white;
26               float: left;
27               margin: 10px 0 0 10px;
28           }
29           div.item {
30               width: 234px;
31               height: 350px;
32               background-color: white;
33               float: left;
34               margin: 10px 0 0 10px;
35           }
36       </style>
37   </head>
```

```
demo24.html ×
demo24.html > html > head > style > div.first
38
39   <body>
40       <div class="box">
41           <div class="first">
42           </div>
43           <div class="item">
44           </div>
45           <div class="item">
46           </div>
47           <div class="item">
48           </div>
49           <div class="item">
50           </div>
51           <div class="item">
52           </div>
53           <div class="item">
54           </div>
55           <div class="item">
56           </div>
57           <div class="item">
58           </div>
59       </div>
60   </body>
61
62   </html>
```

图 7.38　小米商城手机专区商品页面示例参考代码

示例代码运行结果如图 7.39 所示。

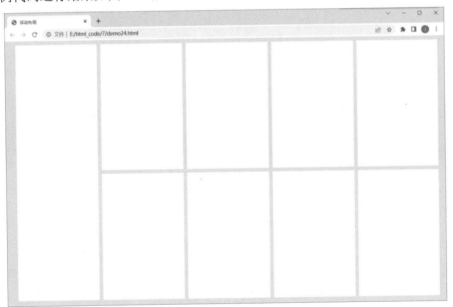

图 7.39　仿小米商城手机专区商品页面示例运行结果

7.2.4　圣杯布局

圣杯布局和双飞翼布局都属于三栏式布局，且都是两侧边栏宽度固定，中间内容区宽度自适应。例如，在下例中，header、footer 定高，left 和 right 定宽且宽度不等，center 不定宽，宽度自适应，当浏览器宽度变化时，center 部分实现宽度自适应，如图 7.40 所示。

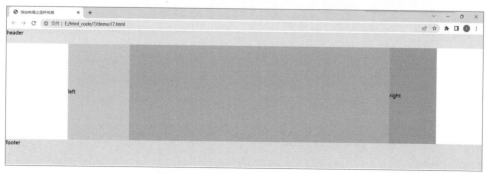

图 7.40　圣杯布局案例运行结果 1

当浏览器宽度变化时，center 部分实现宽度自适应，left 部分和 right 部分的宽度保持不变，如图 7.41 所示。

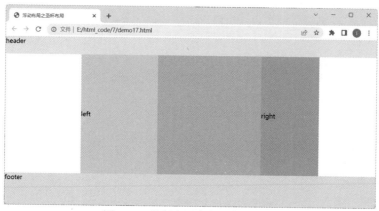

图 7.41　圣杯布局案例运行结果 2

示例参考代码如图 7.42 所示。

图 7.42　圣杯布局示例参考代码

7.3 流动布局

流动布局，也叫百分比布局，是默认的网页布局模式。在这种模式下，HTML 网页元素都是依据标准流自上而下按元素排列的先后顺序决定显示位置，如果要改变元素的显示位置，只能通过改变 HTML 文档结构来实现。流动布局有两个典型特征：

- 块级元素在默认状态下的宽度为 100%，它会在所处的包含元素内自上而下垂直延伸分布，每个块级元素独占一行。
- 行级元素或行内块元素会在所处的包含元素内从左向右水平分布，当父容器位置不够时会换行显示。

由于 PC 端中网页宽度尺寸一般是固定一种或宽窄屏两种，因此 PC 端较少使用这种流动布局。而移动端则不同，如大部分手机端屏幕宽度不一样，因此为了较好地适应屏幕宽度，网页的宽度尺寸最好具有一定的适应性。与以前所学的 DIV 布局的区别在于，它的各个元素不是使用固定长度(如 px)，而是使用百分比来替代传统 px 作为单位。布局时块模型可以通过父级元素和百分比来计算其宽度，根据屏幕宽度进行伸缩，不受固定像素的限制，这为网页提供了很强的流动性。

 小提示

使用流动布局最好定义网页的最大和最小宽度。

7.3.1 max-width

在 CSS 中，max-width(最大宽度)属性用于定义元素宽度显示的最大值。当元素定义或计算的宽度值大于 max-width 值时，元素最终的宽度不会采用计算的宽度值，而是采用 max-width 定义的值。注意 max-width 属性不包括填充、边框或页边距。其语法格式为：

```
max-width: none|length|percent;
```

属性值说明：

- none：默认值，无最大宽度限制。
- length：用长度值来定义最大宽度，不允许为负值。
- percent：用百分比来定义最大宽度，不允许为负值。

使用 max-width 属性时需要注意以下几点：

- 当元素的 max-width 属性值小于 width 的值时，元素的 width 值会被忽略而使用 max-width 的值作为自己的宽度使用值。
- 当元素的 max-width 属性值大于 width 的值时，元素的 max-width 值会被忽略而使用 width 的值作为自己的宽度使用值。

7.3.2 min-width

在 CSS 中，min-width(最小宽度)属性用于定义元素宽度显示的最小值。当元素定义或计算的宽度值小于 min-width 值时，元素最终的宽度不会采用计算的宽度值，而是采用 min-width 定义的值。注意 min-width 属性不包括填充、边框或页边距。其语法格式为：

min-width: none|length|percent;

属性值说明如下。

- none：默认值，无最大宽度限制。
- length：用长度值来定义最大宽度，不允许为负值。
- percent：用百分比来定义最大宽度，不允许为负值。

使用 min-width 属性值需要注意以下几点。

- 当元素的 min-width 属性值小于 width 的值时，元素的 min-width 值会被忽略而使用 width 的值作为自己的宽度使用值。
- 当元素的 min-width 属性值大于 width 的值时，元素的 width 值会被忽略而使用 min-width 的值作为自己的宽度使用值。
- 当 min-width 属性的值大于 max-width 时，max-width 属性将被忽略。

案例视频：扫描右侧二维码，观看案例的分析、操作文档。

7.3.3 流动布局示例

示例：流动布局。将两列定宽布局的案例改造成流动布局，为适应当前移动端屏幕宽度，定义下面示例中的页面最大宽度为 540px、最小宽度为 320px，如图 7.43 所示。

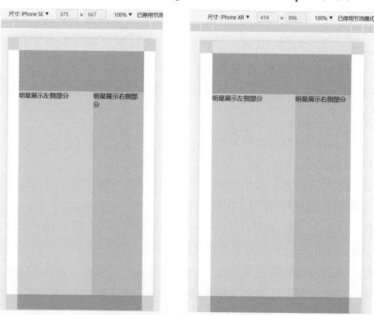

图 7.43 流动布局示例运行结果

示例参考代码如图 7.44 所示。

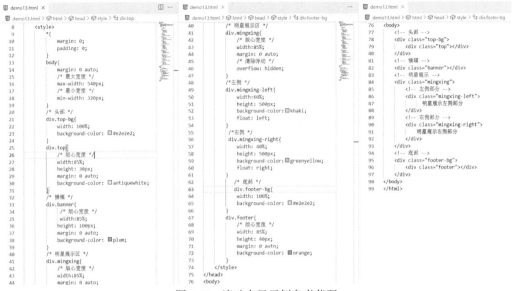

图 7.44　流动布局示例参考代码

DIV+CSS 布局小结：一般以像素作为页面的基本单位，各元素(不管是屏幕的尺寸还是浏览器的宽度)只设计一套尺寸，相当于固定布局。若参考主流设备尺寸，设计几套不同宽度的页面布局，根据屏幕尺寸或浏览器宽度，选择最合适的宽度布局，可形成可切换的固定布局。

📖 工作训练

工作训练 1：设计首页布局

【任务需求】

使用 DIV+CSS 设计首页，完成各大版块的布局，首页各区域划分如图 7.45 所示。

在正确划分各个区域的前提下，使用 DIV+CSS 实现页面布局，实现页面布局框架，如图 7.46 所示。

图 7.45　首页各区域划分

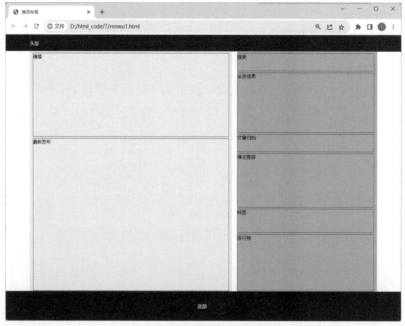

图 7.46　首页布局运行结果

【任务要求】

- 使用 DIV 设计各大版块，设计页面的版心区域，假设页面版心宽度为 1200px；
- 各大版块之间的上下左右间距均为 10px。

【任务实施】

(1) 使用 DIV+CSS 搭建页面头部框架，头部版心区宽度为 1200px，高度和行高均为 55px；

(2) 使用 DIV+CSS 搭建页面主体框架，主体版心区宽度为 1200px，主体为两列布局，左侧宽度约为 700px，右侧约为 500px；

(3) 在左侧主体区内添加行模块划分区域，在右侧主体区内添加行模块划分区域；

(4) 在浏览器中查看运行效果。

实践操作：扫描右侧二维码，观看工作训练 1 的任务实施详细操作文档。

工作训练 2：使用语义化标签完成首页布局

【任务需求】

将工作训练 1 中的首页布局使用语义化标签进行改造，结果如图 7.46 所示。

【任务要求】

- 使用 HTML 的结构语义化标签设计各大版块，设计页面的版心区域，假设页面版心宽度为 1200px。
- 各大版块之间的上下左右间距均为 10px。

【任务实施】

(1) 使用 header 标签搭建页面头部框架，头部版心区宽度为 1200px，高度和行高均为 55px。

(2) 使用 main 标签搭建页面主体框架，主体版心区宽度为 1200px，主体为两列布局，左侧采用 section 标签，宽度约为 700px；右侧采用 aside 标签，宽度约为 500px。

(3) 在左侧主体区内采用 div 或 article 等标签添加行模块划分区域；在右侧主体区内采用 div 或 article 等标签添加行模块划分区域。

(4) 在浏览器中查看运行结果。

实践操作：扫描右侧二维码，观看工作训练 2 的任务实施详细操作文档。

工作训练 3：设计课程资源列表版块

【任务需求】

在任务二的工作训练 3 基础上，利用浮动布局之等分宫格，设计课程资源列表版块，页面效果如图 7.47 所示。

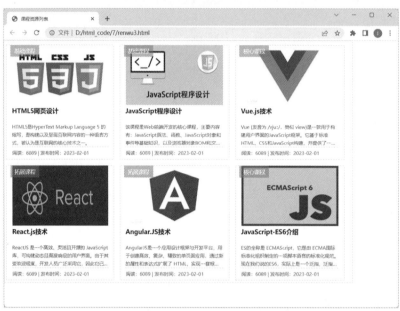

图 7.47　课程资源列表版块结果

【任务要求】

- 使用定义列表设计课程列表项。
- 为课程内容介绍的段落文字设置文本样式，限制行数最多为 3 行，超出部分采用省略号代替。
- 使用盒子定位实现基础课程、核心课程、拓展课程等课程标签。

【任务实施】

(1) 使用 div 标签对页面内容进行外部容器包裹，并设置其宽度为 900px，边框为 1px solid #e2e2e2。

(2) 利用浮动布局的等分宫格对主体内容进行布局，每个宫格的宽度为 280px，边框为 1px solid #e2e2e2，向左浮动排列。

(3) 每个宫格的设计均采用定义列表，图片采用 dt 标签，文本采用 dd 标题设计。

(4) 使用子绝父相定位实现课程标签，并显示在宫格左上角的结果。

(5) 在浏览器中查看运行效果。

实践操作：扫描右侧二维码，观看工作训练 3 的任务实施详细操作文档。

工作训练 4：设计"下载中心"版块

【任务需求】

根据项目原型图完成任务：使用流动布局设计"下载中心"版块，下载列表中的工具排列随着浏览器屏幕宽度而改变，在浏览器宽度为大尺寸时，页面运行结果如图 7.48 所示。

图 7.48 "下载中心"版块结果图 1

浏览器的宽度为中尺寸时，页面运行结果如图 7.49 所示。

图 7.49 "下载中心"版块结果图 2

【任务要求】

- 使用流式布局设计"下载中心"版块，版块最大宽度为 1000px，最小宽度为 480px；
- 每个工具的固定宽度为 100px、高度为 75px，采用浮动排列在一行。

【任务实施】

(1) 使用 div 标签对页面内容进行外部容器包裹，并设置其宽度为 100%，边框为 1px solid #e2e2e2，最大宽度为 1000px，最小宽度为 480px；

(2) 设置每个工具项的固定宽度为 100px、高度为 75px，向左浮动排列；

(3) 设置工具项中各个图片大小为 50px*50px，内部图片、文字水平居中；

(4) 在浏览器中查看运行效果。

实践操作：扫描右侧二维码，观看工作训练 4 的任务实施详细操作文档。

📖 拓展训练

拓展训练 1：设计博客菜单及其二级子菜单

【任务需求】

在任务六工作训练 2 的基础上，设计博客首页二级菜单，当鼠标指针悬浮在一级菜单项时，显示对应的二级菜单，页面效果如图 7.50 所示。

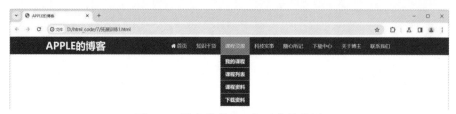

图 7.50　博客菜单及二级子菜单结果

当悬浮在二级菜单项上时，更改其菜单项的背景颜色，效果如图 7.51 所示。

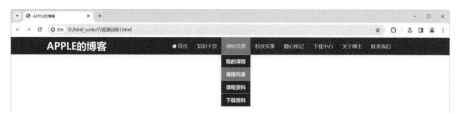

图 7.51　博客菜单悬浮结果

【任务要求】

- 设计一级菜单、垂直二级菜单，默认情况下隐藏二级菜单。
- 当鼠标指针悬浮在一级菜单项时，显示对应的二级菜单。
- 当悬浮在二级菜单项时，更改其菜单项的背景色为深橘色，颜色值为#f60。

拓展训练 2：完成浮动布局案例

【任务需求】

在常见浮动布局的两行定宽排列布局基础上，利用给定的素材，实现图片完善展示列表，页面结果如图 7.52 所示。

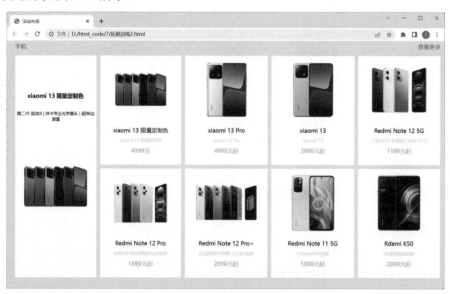

图 7.52　训练任务结果

【任务要求】

- 利用 DIV+CSS 搭建浮动布局的两行定宽排列布局；
- 设置图片自适应、文字、文本等相关样式；
- 设置图片、文本等元素间距样式，注意设置盒模型大小计算规则。

📖 功能插页

【预习任务】

根据课程工单的博客网站首页 UI 设计图(如图 7.1 所示)，对页面的各个行模块及每个行模块中的一级子模块进行划分，绘制出其页面模块分布的显示图。以小米商城部分模块为例，在图中绘制一个行模块及其所包含的两个一级子模块，如图 7.53 所示。

图 7.53　预习任务

【问题记录】

请将学习过程中遇到的问题记录在下面。

【学习笔记】

【思维导图】

任务思维导图如图 7.54 所示，也可扫描右侧二维码查看高清任务思维导图。

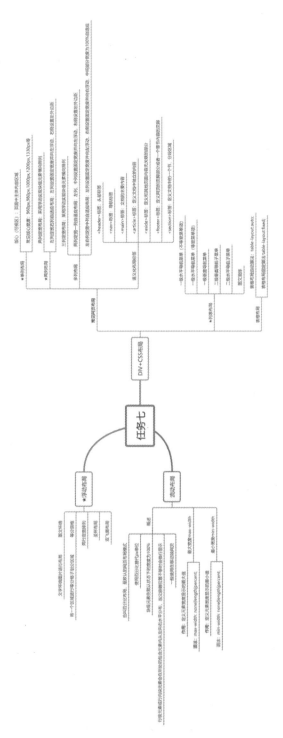

图 7.54　课程内容思维导图

任务
八

网页高级布局设计

📖 任务需求说明

    公司需要为一客户设计博主的个人游记页面，展示博主推荐的一些旅游景点、目的地、记录的旅游实事、评论等功能。根据 UI 设计师设计的页面原型图，需要利用 HTML5 和 CSS3 来制作博客游记页面的静态页面，页面主要由导航、博主信息、我的游记、景点推荐、推荐目的地等版块组成。

📖 课程工单

博客个人游记页面的 UI 设计图如图 8.1 所示。(请扫描二维码查看高清图片)

图 8.1　博客个人游记页面设计图

客户要求	(1) 为了提高用户体验,网站需要具备响应式设计,即能够根据用户的设备自动调整布局和结构,以适应不同的屏幕尺寸和分辨率。 (2) 网页结构清晰,网页内容主要是游记,图片较多,要求能够适配不同的设备,能实时改变显示结果,最重要的是访问速度要够快。 (3) 避免和处理浏览器的兼容性问题。
设计标准	(1) 页面设计至少适配 PC 端、iPad 端、移动端等设备屏幕尺寸。 (2) 适当采用图像优化技术(如新图像格式 webp、svg;设置合理的 alt 属性等)、缓存策略等技术来增加网页的加载速度。 (3) 保证兼容大部分浏览器,适当处理 IE 低版本浏览器的兼容性问题。 (4) 应当考虑到字号、字体、颜色、对比度等因素对可读性的影响,以及对键盘导航和屏幕阅读器等辅助设备的支持。

	任务内容	计划课时
工单任务分解	工单任务 8-1:设计推荐目的地版块	2 课时
	工单任务 8-2:设计博主推荐版块	2 课时
	工单任务 8-3:设计个人游记页面响应式布局	2 课时
	工单任务 8-4:设计相册版块	2 课时
	拓展训练 1:设计搜索功能版块	课后
	拓展训练 2:设计响应式头部导航	课后

📖 工单任务分解

任务 8-1：设计推荐目的地版块

【能力目标】

① 能阐述弹性布局的优势；

② 能运用 flex 容器和 flex 子项的相关属性排列网页元素。

【知识目标】

① 掌握弹性布局的几个关键概念；

② 熟练掌握 flex 容器和 flex 子项的相关属性。

工作训练 1：设计推荐目的地版块

任务 8-2：设计博主推荐版块

【能力目标】

能运用弹性布局实现常见的网页布局效果。

【知识目标】

① 理解弹性布局的原理；

② 掌握几种常见弹性布局的方法。

工作训练 2：设计博主推荐版块

拓展训练 1：设计搜索功能版块

任务 8-3：设计个人游记页面响应式布局

【能力目标】

① 能阐述媒体查询的概念及作用；

② 能熟练使用媒体查询技术设计响应式布局。

【知识目标】

① 了解响应式设计；

② 了解视口及相关属性；

③ 掌握媒体查询技术。

工作训练 3：设计个人游记页面响应式布局

任务 8-4：设计相册版块

【能力目标】

① 了解多列布局的特点及使用场合；

② 能灵活运用多列布局的相关属性实现多列布局。

【知识目标】

① 了解多列布局的概念及相关属性；

② 掌握多列布局的使用方法。

工作训练 4：设计相册版块

拓展训练 2：设计响应式头部导航

📖 思政元素

(1) 网页布局应当遵循诚信和职业道德的原则，确保不包含任何虚假或欺骗性的内容。深刻理解诚信和职业道德的重要性，作为网站设计者与维护者，我们更应自觉遵循相应的道德规范，努力维护诚信、勇于担当和负责任的职业操守。

(2) 网页布局应该充分考虑社会责任，确保网页中不包含任何违法、不良或危害公共利益的内容。我们应积极参与社会公益活动，为需要帮助的人提供力所能及的援助。在网页布局的设计中，我们还可尝试融入更多的文化元素，让网页成为传播中华文化的重要窗口，以不断提升自身的文化素养，塑造文化良知和传承意识，从而肩负起传承与弘扬中华民族优秀传统文化的历史重任。

8.1 弹性布局

弹性布局，又称"flex 布局"，是 CSS3 中的一种新布局模式，可以简单、快速、响应式地实现各种页面布局，当页面需要适应不同的屏幕大小以及设备类型时非常适用。目前，几乎所有的浏览器都支持弹性布局。之所以被称为弹性布局，是因为采用了弹性布局的元素，能够扩展和收缩 flex 容器内的元素，以最大限度地填充可利用空间。相对于传统的布局方式，弹性布局有如下特点：

(1) 可以在水平方向或垂直方向上排列元素；

(2) 可以调整排列元素的显示顺序；

(3) 可以灵活设置元素对齐方式；

(4) 可以动态地将元素装入容器。

 小提示

使用弹性布局后，在 CSS 里设置的 float、clear 和 vertical-align 属性就会失效。

8.1.1　基本概念

先来了解弹性布局的三个基本概念。

(1) flex 盒子和 flex 容器：即 flexbox(弹性盒子)，指添加了弹性布局的父元素，简称"容器"。

(2) flex 项目：指 flex 容器中的每一个子元素，简称"项目"。当一个元素采用了 flex 布局，则它的所有子元素自动成为容器成员，即 flex 项目。

在 CSS 中通过设置 display 属性来指定 HTML 元素的弹性盒子类型。下面的示例展示了可以将块级容器指定为 flex 布局，也可以将行内元素指定为 flex 布局，如图 8.2 所示。

```
 8      <title>弹性布局基本概念</title>
 9      <style>
10          .box {
11              display: -webkit-flex;
12              /*在webkit内核的浏览器上使用要加前缀*/
13              display: flex;
14              border: 1px solid ■blue;
15
16          }
17          .box2 {
18              display: inline-flex;
19              /*将对象作为内联块级弹性伸缩盒显示*/
20              border: 1px solid ■orange;
21          }
22      </style>
23  </head>
24
25  <body>
26      <div class="box">
27          <div class="box-item">1</div>
28          <div class="box-item">2</div>
29          <div class="box-item">3</div>
30      </div>
31      <span class="box2">
32          <div class="box2-item">4</div>
33          <div class="box2-item">5</div>
34          <div class="box2-item">6</div>
35      </span>
```

图 8.2　弹性布局基本概念示例

从上面示例的运行结果可以看出，设置为 flex 的容器，它自身不随着子元素变化而100%撑满屏幕；而设置为 inline-flex 的容器，若没有设置宽度，则默认会根据子元素的宽高去自适应。

(3) 主轴和侧轴：弹性布局中 flex 项目只能按行或者列来排列，因此弹性布局有两个坐标轴：主轴和侧轴，这两个轴始终是互相垂直的。主轴可以是水平方向的轴，也可以是垂直方向的轴。哪个轴为主轴在弹性布局中由 flex-direction 属性定义，另一个垂直主轴的轴自动为侧轴。

8.1.2　CSS 属性

CSS 提供了以下属性来实现弹性布局，如表 8.1 所示。

表 8.1　弹性布局相关的 CSS 属性

适用于	属性名	说明	示例
flex 容器	display	设置 HTML 元素的盒子类型	display:flex;
	flex-direction	通过定义 flex 容器的主轴方向来决定 flex 子项在容器中如何排列	flex-direction:column;
	flex-wrap	设置 flex 容器的子元素超出父容器时是否换行	flex-wrap:nowrap;
	flex-flow	复合属性，可以设置 flex-direction 和 flex-wrap 两个属性	flex-flow:row nowrap;
	justify-content	设置子项在主轴方向上的对齐方式	justify-content:space-between;
	align-items	设置子项在纵轴方向上的对齐方式(单行弹性盒模型容器)	align-items:center;
	align-content	设置子项在纵轴方向上的对齐方式(多行弹性盒模型容器)	align-content:space-between;
flex 项目	flex-grow	设置子项的扩展比率，用于分配剩余空间	flex-grow:0;
	flex-shrink	设置子项的收缩比率，用于收缩空间	flex-shrink:1;
	flex	设置子项如何分配剩余空间	flex:1 1 auto;
	order	设置子项出现的顺序	order:-1;

8.1.3　flex 容器相关属性

flex 容器相关属性指的是为 flex 容器所设置的 CSS 属性，可以定义主轴方向、子项在主轴方向上的对齐方式、是否允许项目换行等属性，下面一一介绍。

8.1.3.1　display 属性

使用 display 属性将元素设置为弹性盒子以后，其包含的子元素无论是行级元素还是行内块元素都可以成为其伸缩项，伸缩项可以指定高宽，也可以利用 flex 项的相关属性进行设置。在下面的示例中，可以看出，即使子项本身是行内元素，当其成为伸缩项后也是可以对其设置宽高的，如图 8.3 所示。

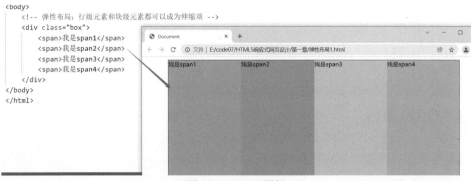

图 8.3　display 属性

8.1.3.2　flex-direction 属性

使用 flex 布局时，flex-direction 属性决定了主轴的方向，其语法如下：

```
flex-direction:row | row-reverse | column | column-reverse;
```

属性值说明如下。

- row：定义主轴方向为水平方向，从左到右排列，为默认值。
- row-reverse：定义主轴方向为水平方向，从右到左排列。
- column：定义主轴方向为垂直方向，从上到下排列。
- column-reverse：定义主轴方向为垂直方向，从下到上排列。

若 flex-direction 定义了 row 或 row-reverse，则表示主轴为水平方向，侧轴为垂直方向；反之，若 flex-direction 定义了 column 或 column-reverse，则表示主轴为垂直方向，侧轴为水平方向。若一个元素未设置 flex-direction 属性，则默认值为 row，如图 8.4 所示。

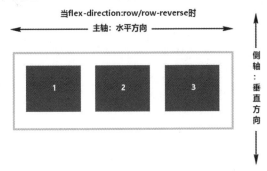

图 8.4　flex-direction 属性默认值

示例：设置 flex-direction 属性。代码及运行结果如图 8.5 所示。

```
8    <style>
9        div.box{
10           display: flex;
11           /* 设置主轴方向 */
12           flex-direction: column;
13           border:2px dashed #666;
14       }
15       div.item{
16           width: 200px;
17           height: 150px;
18       }
19       .one{
20           background-color: red;
21       }
22       .two{
23           background-color: green;
24       }
25       .three{
26           background-color: blue;
27       }
28   </style>
29   </head>
30   <body>
31       <div class="box">
32           <div class="item one">1</div>
33           <div class="item two">2</div>
34           <div class="item three">3</div>
35       </div>
36   </body>
```

图 8.5　flex-direction 属性值设置

flex-direction 所有值的对比效果如图 8.6 所示。

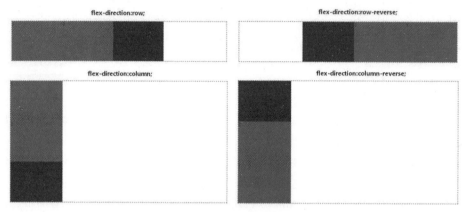

图 8.6　flex-direction 属性值设置对比效果

8.1.3.3　justify-content 属性

在弹性布局中，使用 justify-content 属性设置子元素在主轴方向上的排列方式，它的使用灵活、方便，能较好地适配各种分辨率设备。目前很多网站使用弹性布局时采用该属性对齐元素，如京东页面中栏目排列和淘宝商品排列效果如图 8.7 所示。

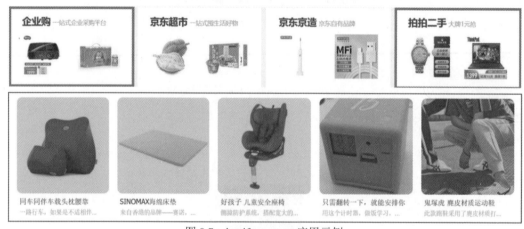

图 8.7　justify-content 应用示例

justify-content 属性的语法如下：

```
justify-content:flex-start | flex-end | center | space-between | space-around;
```

属性值说明如下。

- flex-start：从头部开始排列，若主轴为水平方向，则从左到右排列；若主轴为垂直方向，则从上到下排列。
- flex-end：从尾部开始排列，若主轴为水平方向，则从右到左排列；若主轴为垂直方向，则从下到上排列。
- center：在主轴居中对齐，若主轴为水平方向，则整体水平居中；若主轴为垂直方向，则整体垂直居中。

- space-between：两边子项靠在父容器两端，中间子项平分剩余空间。
- space-around：所有子项平分剩余空间，每个子项两侧间隔相等。

示例：设置 justify-content 属性。

若主轴方向为水平方向，不同参数值结果如图 8.8 所示。

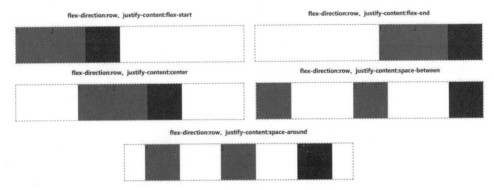

图 8.8　justify-content 属性不同值对比 1

若主轴方向为垂直方向，不同参数值结果如图 8.9 所示。

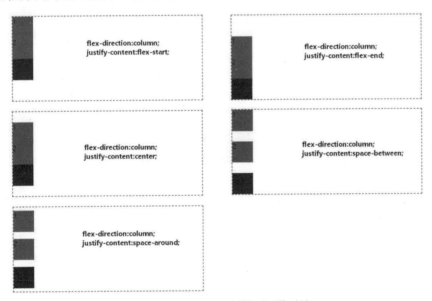

图 8.9　justify-content 属性不同值对比 2

以主轴为水平方向为例，justify-content 属性值为 space-between，部分参考代码如图 8.10 所示。

```
9    <style>
10       div.box {
11          display: flex;
12          /* 设置主轴方向 */
13          flex-direction: row;
14          /* 设置主轴对齐方式 */
15          justify-content: space-between;
16          border: 2px dashed #666;
17       }
```

图 8.10　justify-content 属性案例参考代码图

8.1.3.4 flex-wrap 属性

在弹性布局中，默认情况所有的 flex 项目都分布在一条轴线上，当所有 flex 项目的宽度/高度总和超过父容器的宽度/高度时，会将 flex 项目进行一定的收缩以便包含在弹性盒子中，而不会进行 flex 项目的换行排列。若要实现换行排列，可以使用 flex-wrap 属性。其语法如下：

```
flex-wrap:nowrap | wrap| wrap-reverse;
```

属性值说明：

- nowrap：默认值，不换行排列，当容器宽度不够时，每个项目会被收缩。
- wrap：当容器宽度不够时，flex 项目可换行排列，第一行在前面。
- wrap-reverse：当容器宽度不够时，flex 项目可换行排列，第一行在后面。

若主轴方向为水平方向，该属性的不同参数值结果如图 8.11 所示。

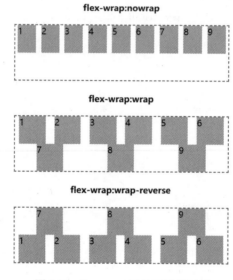

图 8.11 flex-wrap 属性不同值对比

以主轴为水平方向为例，justify-content 值为 space-around，flex-wrap 值为 wrap，部分参考代码如图 8.12 所示。

```
29    div.box2{
30        width: 400px;
31        height: 100px;
32        display: flex;
33        /* 设置主轴对齐方式 */
34        justify-content: space-around;
35        border:2px dashed ■#666;
36        /* 设置允许换行 */
37        flex-wrap: wrap;
38        margin: 20px auto;
39    }
```

图 8.12 flex-wrap 属性参考代码图

8.1.3.5　flex-flow 属性

flex-flow 属性是 flex-direction 属性和 flex-wrap 属性的简写形式，该属性的默认值为 row nowrap。其语法如下：

```
flex-flow:flex-direction | flex-wrap;
```

属性值说明：

- flex-direction：设置弹性盒子主轴方向，值为 row(初始值) | row-reverse | column | column-reverse。
- flex-wrap：设置是否允许换行显示子元素，值为 nowrap(初始值)| wrap | wrap-reverse。

示例：使用 flex-flow 属性，以主轴为水平方向为例，justify-content 值为 space-around，flex-flow 值为 row wrap，部分参考代码及运行效果如图 8.13 所示。

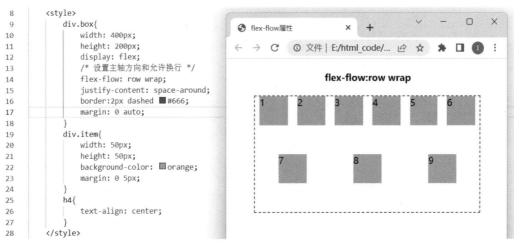

图 8.13　flex-flow 属性参考代码及运行效果图

8.1.3.6　align-items 属性

align-items 属性用于设置弹性盒子中 flex 项目在侧轴上的对齐方式，仅适用于单行弹性盒模型容器。其语法如下：

```
align-items: flex-start | flex-end | center | baseline | stretch;
```

属性值说明：

- flex-start：子元素在侧轴的头部位置开始排列。
- flex-end：子元素在侧轴的尾部位置开始排列。
- center：弹性盒子处于单行模型时，子元素在侧轴上居中排列。
- baseline：子元素应参考 items 中第一行文字的基线进行对齐。
- stretch：若子元素未设置高度或设为 auto，则子元素会拉伸且尽可能接近所在的容器边界，但同时会遵循 min/max-width/height 属性的限制。

若主轴方向为水平方向、主轴排列方式为 space-around，align-items 属性的不同参数值结果如图 8.14 所示。

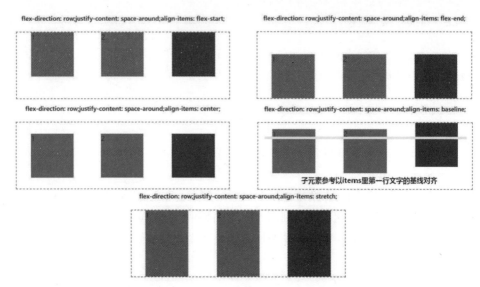

图 8.14 align-items 属性不同值对比

以主轴为水平方向为例，justify-content 值为 space-around，align-items 值为 flex-start，部分参考代码及运行结果如图 8.15 所示。

```
8    <style>
9        div.box1,div.box2,div.box3,div.box4,div.box5{
10           width: 500px;
11           height: 150px;
12           display: flex;
13           /* 设置主轴方向 */
14           flex-direction: row;
15           justify-content: space-around;
16           align-items: flex-start;
17           border:2px dashed #666;
18           margin: 0 auto;
19       }
```

图 8.15 align-items 属性参考代码及运行结果

8.1.3.7 align-content 属性

align-content 属性也用于设置弹性盒子中 flex 项目在侧轴上的对齐方式，仅适用于多行弹性盒模型容器，在单行情况下不起作用。该属性定义了多根轴线(多行)在侧轴上的对齐方式。其语法如下：

align-content: flex-start | flex-end | center | space-between| space-around | stretch;

属性值说明：

- flex-start：子元素在侧轴的头部位置开始排列，每行都遵循该规则。
- flex-end：子元素在侧轴的尾部位置开始排列。
- center：各行两两紧靠且在弹性盒容器中居中对齐，各行子元素在侧轴上居中排列。
- space-between：首行对齐容器顶部，尾行对齐容器底部，其他行在侧轴上平均分布。
- space-around：首行开端、尾行末尾的空白空间为其他行间空白空间的一半，其他行在侧轴上平均分布。

- stretch：若子元素未设置高度或设为 auto，则子元素会在侧轴上拉伸且尽可能接近当前所在行的边界。

示例：设置 align-content 属性。若主轴方向为水平方向，不同参数值的结果如图 8.16 所示。

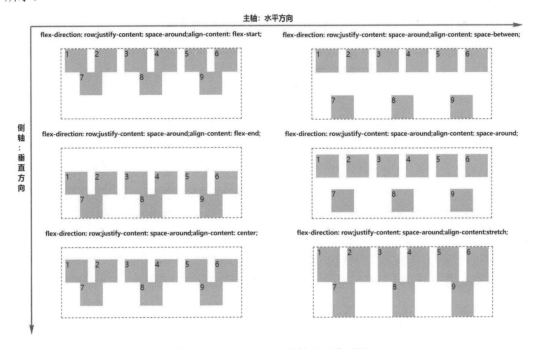

图 8.16　align-content 属性不同值对比

8.1.4　flex 项目相关属性

为了更好地了解 flex 项目相关属性的应用，需要了解一个概念：可用剩余空间。因为大部分 flex 项目相关属性在本质上就是改变了 flex 容器的可用剩余空间的分配规则。通过下面的例子我们来了解剩余空间的概念。

示例 1：传统子元素定宽布局下计算剩余空间，每个子元素各占 200px，子元素左右两侧的间距均为 5px，示意图如图 8.17 所示。

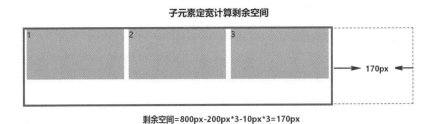

图 8.17　剩余空间示意图 1

示例 2：百分比布局下计算剩余空间，每个子元素各占 25%，子元素左右两侧的间距均为 5px，示意图如图 8.18 所示。

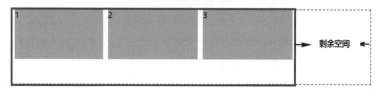

图 8.18　剩余空间示意图 2

在弹性布局中，若希望 flex 子元素能自动扩展或填充剩余空间，控制剩余可用空间在子元素中如何分配，可以使用 flex-grow、flex-shrink 或 flex-basis 属性。

8.1.4.1　flex-grow 属性

flex-grow 属性也是用于设置父容器的宽度大于所有子元素宽度之和时，子元素如何分配父容器的剩余空间。该属性的值为扩展比例，是一个数值，默认为 0，意思是即使存在剩余空间，也不扩展。其语法如下：

```
flex-grow: number;
```

属性值说明：

● number：用数值来定义扩展比例，默认为 0，不允许为负值。

案例学习：扫描右侧二维码，观看案例的操作文档。

8.1.4.2　flex-shrink 属性

flex-shrink 属性用于设置父容器的宽度小于子元素宽度之和时，子元素的收缩比例，该属性的值为收缩比例，是一个数值，默认为 1，意思是父容器空间不足时，所有 flex 子项都会收缩。如果设置为 0，则表示不收缩，保持原始宽度。其语法如下：

```
flex-shrink: number;
```

属性说明：

● number：用数值来定义收缩比例，默认为 1，不允许为负值。

案例学习：扫描右侧二维码，观看案例的操作文档。

8.1.4.3　flex 属性

flex 属性只适用于弹性盒模型对象，用于设置弹性盒模型对象的子元素如何分配空间。它是 flex-grow、flex-shrink 和 flex-basis 属性的简写属性，默认为 0 1 auto，其语法如下：

```
flex:none | flex-grow flex-shrink   flex-basis | auto;
```

属性说明：

● flex-grow：定义项目的扩展比例。

- flex-shrink：定义项目的收缩比例。
- flex-basis：定义伸缩基准值，项目长度。
- auto：与 1 1 auto 相同，子元素既能扩展也能缩小。
- none：与 0 0 auto 相同，子元素既不扩展也不缩小。
- 若该属性为一个非负数字 n，则该数字为 flex-grow 的值，与 n 1 0% 相同。
- 若该属性为两个非负数字 n1、n2，则分别为 flex-grow 和 flex-shrink 的值，与 n1 n2 0% 相同。
- 若该属性为一个百分比或固定长度值 L，则该值视为 flex-basis 的值，与 1 1 L 相同。
- 若该属性为一个非负数字 n 和一个百分比或固定长度值 L，则分别为 flex-grow 和 flex-basis 的值，与 n 1 L 相同。
- 若该属性有三个值，则长度值表示 flex-basis，其余两个数值分别表示 flex-grow 和 flex-shrink 的值，无论长度值 L 在 flex 属性值的哪个位置，表示的含义都是一样的。

示例：使用 flex 属性，示意图如 8.19 所示。

图 8.19　flex 属性示例示意图

示例参考代码如图 8.20 所示。

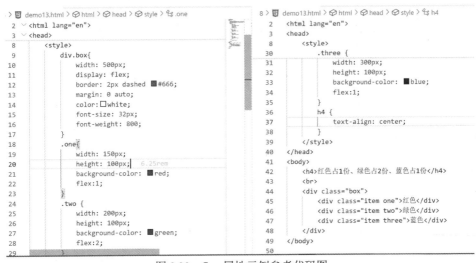

图 8.20　flex 属性示例参考代码图

8.1.4.4　order 属性

order 属性设置弹性盒模型对象中子元素的顺序。该属性的值一个整数值，默认为 0，数值越小，排列越靠前。其语法如下：

```
order:integer;
```

属性值说明:

- integer: 整数值,数值小的排在前面,可以为负值。

示例: 使用 order 属性,示意图如图 8.21 所示。

图 8.21 order 属性示例示意图

示例参考代码如图 8.22 所示。

```
demo14.html > html > head > style > .one
 7    <title>flex属性</title>
 8    <style>
 9        div.box{
10            width: 500px;
11            display: flex;
12            border: 2px dashed #666;
13            margin: 0 auto;
14        }
15        .one{
16            width: 150px;
17            height: 100px;
18            background-color: red;
19            flex:1;
20            /* 设置子元素排列顺序 */
21            order:10;
22        }
23        .two {
24            width: 200px;
25            height: 100px;
26            background-color: green;
27            flex:2;
28        }
29        .three {
30            width: 300px;
31            height: 100px;
32            background-color: blue;
33            flex:1;
34            /* 设置子元素排列顺序 */
35            order:-1;
36        }
```

```
29        .three {
30            width: 300px;
31            height: 100px;
32            background-color: blue;
33            flex:1;
34            /* 设置子元素排列顺序 */
35            order:-1;
36        }
37        h4 {
38            text-align: center;
39        }
40    </style>
41    </head>
42    <body>
43        <h4>3号盒子排最前面、1号盒子排最后面</h4>
44        <br>
45        <div class="box">
46            <div class="item one">1</div>
47            <div class="item two">2</div>
48            <div class="item three">3</div>
49        </div>
50    </body>
51
52    </html>
```

图 8.22 order 属性示例参考代码图

8.1.5 弹性布局的应用

弹性布局的应用非常广泛,它借助在 flex 容器和 flex 项目上设置特定的 CSS 属性来实现元素的灵活排列和分布。此外,弹性布局还广泛应用在响应式设计中。下面介绍两种常用的弹性布局应用。

8.1.5.1　父容器按比例划分、子元素快速排列

以苏宁移动端首页为例，在网页中需要对父元素进行等分划分，多行排列对齐，可以利用弹性布局的相关属性，快速实现分配比例，由于子元素对齐优势明显，适合不同尺寸的页面自适应布局，如图 8.23 所示。

图 8.23　仿苏宁移动端自适应布局案例运行图

仿苏宁移动端自适应布局示例参考代码如图 8.24 所示。

图 8.24　仿苏宁移动端自适应布局案例参考代码图

8.1.5.2　圣杯布局

圣杯布局属于三栏式布局，且都是两侧边栏宽度固定，中间内容区宽度自适应。使用弹性布局实现圣杯布局的思路非常简单,弹性盒模型父容器中只需要三个盒子左中右排列，左侧和右侧盒子宽度固定，中间盒子分配父容器中的所有剩余空间，当父容器的宽度跟随屏幕尺寸改变时，中间盒子的宽度也将自适应改变。例如，仿京东首页的头部的搜索可以

采用圣杯布局来实现，当屏幕尺寸发生变化时，页面效果如图 8.25 和图 8.26 所示。

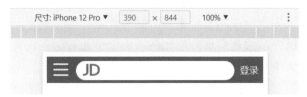

图 8.25　圣杯布局案例运行图 1

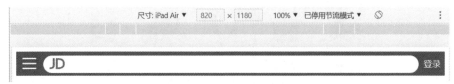

图 8.26　圣杯布局案例运行图 2

弹性布局的小结：使用弹性布局，经常以百分比作为页面的基本单位，可以适应一定范围内所有尺寸的设备屏幕及浏览器宽度，结合弹性盒子相关属性能完美利用有效空间，方便、快速、简洁地实现最佳效果。

8.2　响应式布局

响应式布局是指一个网站能够兼容多个终端，而不是为每个终端设计一个特定的版本，响应式布局可以为不同终端的用户提供更加舒适的界面和更好的用户体验。响应式布局原理主要包括以下方面：

- 一个网站能适配主流的终端，实现不同屏幕分辨率下的终端上网页的不同布局；
- 使用媒体查询技术针对不同宽度的设备进行页面布局和元素样式设置，从而达到适配不同屏幕的目的。

为实现响应式布局，需要掌握以下核心知识：

- 视口
- 媒体查询
- 元素自适应(em、rem 等相对单位)
- 图片自适应

以仿 Apple(中国)官网首页的头部导航部分为例，可以看到在 PC 端、移动端页面中页面整体布局没有发生变化，而头部模块中的导航菜单项有所删减，部分导航内容进行了折叠，位置发生了变化。

PC 端下，其头部运行效果如图 8.27 所示。

图 8.27　Apple(中国)官网首页案例 PC 端运行图 1

移动端下，其头部运行效果如图 8.28 所示。

图 8.28　Apple(中国)官网首页示例移动端运行图

单击左侧菜单图标后，展开折叠菜单，其运行效果如图 8.29 所示。

图 8.29　Apple(中国)官网首页示例移动端菜单展开图

案例学习：扫描右侧二维码，查看案例的详细代码。

8.2.1　视口

视口(viewport)是前端开发中一个非常重要的概念，也是掌握响应式网页设计和移动前端开发必备的知识。视口表示浏览器显示页面内容的屏幕区域，与浏览器窗口相同，但不包括浏览器的菜单栏、工具栏等部分。先来了解几种视口类型。

8.2.1.1　视口类型

1) 视觉视口

指用户通过屏幕看到的网页区域。在 PC 端，浏览器窗口可以随意改变大小，因此视觉视口等于浏览器窗口的宽度；而在移动端，大部分手机、平板的浏览器是不支持改变浏览器宽高的，因此视觉视口就是其设备屏幕大小。我们可以通过缩放去操作视觉视口，但不会影响布局视口，布局视口仍保持原来的宽度。视觉视口示意图如图 8.30 所示。

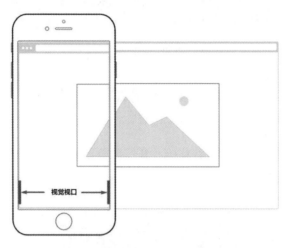

图 8.30　视觉视口示意图

2) 布局视口

布局视口指的是网页布局的宽度，在 PC 端页面中，布局视口等于浏览器窗口的宽度；而在移动端，根据设备的不同，布局视口的默认宽度有可能是 768px、980px 或 1024px 等，而整个宽度并不适合在手机屏幕中展示，因此一般移动端浏览器都设置了布局视口的宽度。例如 IOS 系统中浏览器的布局视口一般设置为 980px，这样做是为了让移动端小屏幕尽可能完整显示整个网页，解决早期的 PC 端页面在手机上的显示问题，布局视口示意图如图 8.31 所示。

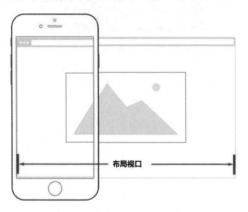

图 8.31　布局视口示意图

若移动端浏览器默认使用 980px 的布局视口渲染 HTML 页面，而屏幕尺寸可能只有 375px 可见区域(如 iPhone 8)，则不得不缩放页面以显示到用户的可见区域，在移动端完整显示。例如布局视口在 PC 端的页面效果如图 8.32 所示。

图 8.32　布局视口 PC 端示意图

　　由于移动端的屏幕尺寸只有 375px，而布局视口为 980px，因此需要缩小页面以适应 375px，以完整显示页面，这样会导致页面元素被缩小以至于看不清晰，用户可以手动对网页进行放大。同一个页面在移动端的显示效果如图 8.33 所示。

图 8.33　布局视口移动端示意图

3) 理想视口

　　对于不同的设备而言，最理想的布局视口尺寸应该与设备尺寸一致，这样浏览器采用与设备屏幕一致的尺寸去渲染 HTML 页面，就不需要把页面缩放后再在移动端设备屏幕上显示。为了实现理想视口，需要手动添加 meta 视口标签，通知浏览器进行相应处理。因此理想视口与设备宽度一致，如 iPhone 的理想视口为 375px，理想视口示意图如图 8.34 所示。

图 8.34　理想视口示意图

　　meta 视口标签的作用：meta 标签会告诉浏览器，设备有多宽，布局视口就有多宽。由于一般移动端设备宽度都不一致，设计移动端页面时，页面的宽度一般不给固定值，而使用百分比。添加了视口标签的百分比布局在不同移动端设备下的显示效果对比如图 8.35 所示。

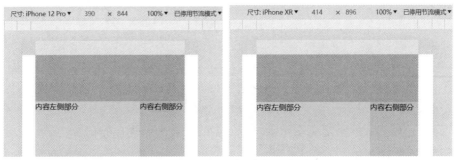

图 8.35　meta 视口标签应用对比图

而采用固定像素的页面，因为添加了视口标签，浏览器渲染时不允许对页面进行缩放，即使布局宽度大于屏幕宽度，元素也不会被缩小，但可能会出现用户屏幕一次显示不全页面(因为移动端屏幕一般都小于 HTML 页面的版心区大小)，因此会出现水平方向的进度条。如下例中仅显示了头部的部分内容，但是内容是清晰可见的，并未被缩小，如图 8.36 所示。

图 8.36　meta 视口标签应用效果图

8.2.1.2　视口的相关属性

在 HTML5 中，使用 meta 标签来控制视口，帮助设置、缩放视口等，从而让移动端得到更好的展示效果，语法如下：

```
<meta name="viewport" content="width=device-width; initial-scale=1; maximum-scale=1;
minimum-scale=1; user-scalable=no;">
```

视口的相关属性介绍如表 8.2 所示。

表 8.2　视口相关属性

属性	说明	可能的值
width	定义 viewport(视口)的宽度	正整数或 device-width
height	定义 viewport(视口)的高度	正整数或 device-height
initial-scale	定义页面初始缩放比例	0.0～10.0
minimum-scale	定义缩放的最小值，必须小于或等于 maximum-scale 的值	0.0～10.0
maximum-scale	定义缩放的最大值，必须大于或等于 minimum-scale 的值	0.0～10.0
user-scalable	是否允许用户缩放网页。no 为不允许，yes 为允许，默认值为 yes	yes 或者 no

为了使用户在移动设备上浏览网页时有良好的体验效果，前端开发者设计网页时还应该遵循一些规则：

- 避免使用较大的固定宽度元素，若元素的宽度大于视口的宽度，则可能导致视口出现水平滚动条。
- 由于移动端屏幕设备的尺寸大小不一，应避免元素内容依赖特定视口宽度来呈现。

8.2.2　媒体查询

媒体查询(media query)是制作响应式网站的利器之一，它可以针对不同的媒体类型定义不同的样式。在网页开发中，使用媒体查询能够在不改变页面内容的情况下，根据不同的设备类型和条件来区分各种设备，并为它们分别定义不同的 CSS 样式，让用户得到更好的体验。

在 CSS 中媒体查询使用@media 来实现，其基本语法如下：

```
@media mediatype only | not | and(media feature)
{
    CSS 样式规则;
}
```

参数说明：

- mediatype：指媒体类型，该值可选，默认值为 all。
- only|not|and：指关键字，是三个逻辑操作运算符：仅、排除(否定)、连接。
- media feature：媒体特性，用来描述设备具体特征的属性值。

8.2.2.1　媒体类型

将不同的终端设备划分为不同的类型，称为媒体类型。CSS 提供了一些关键字来表示不同的媒体类型，常用的媒体类型如表 8.3 所示。

表 8.3　常用的媒体类型

媒体类型	说明
all	表示所有媒体设备
handheld	表示小型手持设备，如手机、平板电脑
print	表示打印机
screen	表示彩色电脑屏幕

更多的媒体类型请大家扫描下方的二维码进行查看。

8.2.2.2　媒体特性

媒体查询还可以通过一些属性来描述设备的具体特征，如宽度、高度、手持方向、分辨率大小等。通常会将媒体特性描述为一个表达式，且每条媒体特性表达式必须使用括号括起来，结合逻辑运算符，媒体查询的表达式最终会获得一个布尔值，即真(true)或假(false)，只有当结果为真(true)时，CSS 样式规则才会生效。一些常用的媒体特性属性，如表 8.4 所示。

表 8.4   常用的媒体特征属性

媒体特性属性	说明
color	输出设备每个像素的比特值，常见的有 8、16、32 位。如果设备不支持输出彩色，则该值为 0
height	页面可见区域的高度
width	页面可见区域的宽度
max-height	页面可见区域的最大高度
max-width	页面可见区域的最大宽度

更多的媒体特性请扫描下方的二维码进行查看。

8.2.2.3　关键字

在媒体查询中，关键字是由逻辑操作运算符组成的，作用如下：

- only：用于指定某种特定设备。
- not：用于排除某种设备，例如排除打印机：@media not print。
- and：用于连接多种媒体特性，相当于"且"的意思。一个媒体查询中可以包含 0 个或者多个表达式。多数媒体属性带有 min-和 max-前缀，用于表达"小于"和"大于等于"。

例如，设置屏幕宽度大于 500px 且小于 1000px 时，body 背景颜色为红色的代码如下：

```
@media screen and (max-width:1000px) and (min-width:500px){
    body{
        background-color:red;
    }
}
```

8.2.2.4　媒体查询的使用方式

在 CSS 中，使用媒体查询的方式有以下三种：

1. 使用@media

使用@media 可以指定一组媒体查询和一个 CSS 样式块，当且仅当媒体查询与应用设备匹配时，指定的 CSS 样式才会生效。

2. 使用@import

CSS 提供的@import 规则用于导入其他样式表，@import 规则同样可以配合媒体查询使用，可以使用@import 导入指定的外部样式文件并指定目标的媒体类型。语法结构如下：

```
@import url('css 外部样式文件路径') list-of-media-queries;
```

3. 使用 media 属性

可以在<style>、<link>、<source>等标签的 media 属性中定义媒体查询。media 属性用于为不同的媒体类型规定不同的样式，它支持同时指定多种媒体查询，每种媒体类型之间使用逗号进行分隔，例如：media="screen,print"。

读者可以扫描下方的二维码深入学习媒体查询的三种方式及使用案例。

8.2.2.5　使用媒体查询的注意事项

- 格式书写问题：注意 and 后面必须有空格。
- 样式覆盖问题：后面的样式会被前面的样式覆盖，一般建议使用 style 标签书写 CSS 的时候，@media 媒体查询的 CSS 写在后面，以避免被前面的 CSS 覆盖。
- 为了适配不同的屏幕尺寸，使用媒体查询应用样式时，需要设置的常用边界参考如下。
  - 手机：@media (min-width:480px)
  - 平板电脑：@media (min-width:768px)
  - 台式机：@media (min-width:980px)
  - 大屏幕 PC 机：@media (min-width:1200px)
- 在媒体查询使用 max-width 表示条件的时候，大的边界下的样式应该放在上面；使用 mix-width 表示条件的时候，小的边界下的样式应该放在上面。依据 CSS 样式层叠的原则，下面的样式可以覆盖上面的样式。

8.2.2.6　媒体查询应用案例

接下来演示如何利用媒体查询搭建一个页面简易框架，PC 端、平板端、移动端三种尺寸的屏幕能应用不同的样式，其中 PC 端页面层呈单层三列排列效果，如图 8.37 所示。

图 8.37　媒体查询示例运行效果图

平板端页面呈上下结构，下面模块为两列排列，效果如图 8.38 所示。

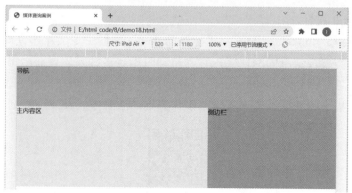

图 8.38 媒体查询示例平板端运行效果图

移动端页面呈三层行模块效果，如图 8.39 所示。

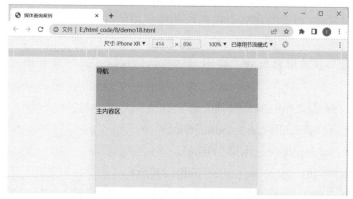

图 8.39 媒体查询示例移动端运行效果图

示例参考代码如图 8.40 所示。

```
8    <title>媒体查询案例</title>
9    <style>
10   * {
11       margin: 0;
12       padding: 0;
13   }
14   div.container {
15       max-width: 1200px;
16       width: 100%;
17       display: flex;
18       justify-content: space-between;
19       margin: 0 auto;
20   }
21   /* 导航 */
22   div.nav {
23       width: 24%;
24       height: 400px;
25       background-color: skyblue;
26   }
27   /* 中间内容区 */
28   div.main {
29       width: 50%;
30       height: 400px;
31       background-color: antiquewhite;
32   }
33   /* 侧边栏 */
34   div.sidebar {
35       width: 24%;
36       height: 400px;
37       background-color: orange;
38   }
39   /* 屏幕尺寸小于980px */
40   @media screen and (max-width:980px) {
41       div.container {
42           flex-wrap: wrap;
43       }
44       div.nav {

44           div.nav {
45               width: 100%;
46               height: 100px;
47           }
48           div.main {
49               width: 60%;
50               height:200px;
51           }
52           div.sidebar {
53               width: 40%;
54               height:200px;
55           }
56       }
57   /* 屏幕尺寸小于480px */
58   @media screen and (max-width:480px) {
59       div.main {
60           width: 100%;
61       }
62       div.sidebar {
63           display: none;
64       }
65   }
66   </style>
67   </head>
68   <body>
69       <div class="container">
70           <!-- 导航 -->
71           <div class="nav">
72               导航
73           </div>
74           <!-- 中间内容区 -->
75           <div class="main">
76               主内容区
77           </div>
78           <!-- 侧边栏 -->
79           <div class="sidebar">
80               侧边栏
```

图 8.40 媒体查询示例参考代码图

8.2.3　常用单位

HTML5 网页设计中的常用单位主要包括绝对长度单位和相对长度单位。常用的绝对长度单位有 px、cm、pt 等；常用的相对单位有 em、rem、vw、vh、vmax、vmin 等。在实际开发中，这些单位在 CSS 样式中经常被用来定义元素的尺寸、位置、间距等属性，使得网页的布局和样式更加灵活和可控。

8.2.3.1　rem 单位

rem(font size of the root element，根元素的字体大小)是 CSS3 中新增加的一个属性单位，它指相对于根元素的字体大小的单位，rem 只是一个相对单位。1rem 相当于根元素 font-size 的值，在网页设计中，当明确规定根元素的 font-size 时，rem 单位以该属性的初始值作为参照；当没有明确规定根元素的 font-size 时，一般采用浏览器默认的 font-size 值作为参照，例如谷歌浏览器根元素的 font-size 值为 16px。

示例：使用 rem 单位。在下面的例子中，我们设置了 html 和 div.box 的 font-size 大小，p 标签的字体大小使用 rem 单位，参考的是 html 根元素的 font-size 属性值进行计算，示例参考代码如图 8.41 所示。

```
7    <title>使用rem单位</title>
8    <style>
9        html{
10           font-size: 16px;
11       }
12       div.box{
13           font-size: 12px;
14       }
15       div.box>p{
16           /* p标签中字体大小为: 1.5*16px=24px  */
17           font-size: 1.5rem;
18       }
19    </style>
20   </head>
21   <body>
22      <div class="box">
23         <p>宝剑锋从磨砺出，梅花香自苦寒来。</p>
24         <p>长风破浪会有时，直挂云帆济沧海。</p>
25         <p>学必求其心得，业必贵其专精。</p>
26      </div>
27   </body>
```

图 8.41　rem 单位案例参考代码图

页面运行示意图如图 8.42 所示。

 小提示

实际开发中，为了便于 rem 单位换算，常常会借助一些插件来完成。例如，对于 VSCode 的插件 px to rem & rpx & vw，安装完该插件后可进行设置，以使基准 font-size 与页面的根元素大小保持一致。

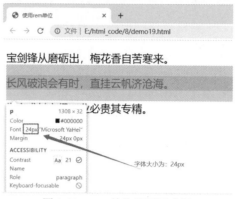

图 8.42　rem 单位示例示意图

8.2.3.2　在媒体查询中使用 rem 单位

使用媒体查询可以根据不同设备尺寸来改变元素的样式，结合 rem 单位可以实现页面元素大小的动态变化。

案例学习：扫描右侧二维码，查看案例模拟某学校门户网站导航菜单的效果。

8.2.3.3　vw 和 vh 单位

vw 和 vh 是 CSS3 中的相对单位，它始终以浏览器可视区域为参照。vw 表示的是：将浏览器的可视区域的宽度视为 100vw，那么 1vw 就是视口宽度的百分之一；vh 表示的是：将浏览器的可视区域的高度视为 100vh，1vh 就是视口高度的百分之一。

vw 和 vh 的优势在于能够直接根据浏览器可视区域的宽高来获取高度，而用%(百分比)在没有 body 高度的情况下，则无法正确获得可视区域的高度。

 小提示

实际开发中，为了便于 vw 单位换算，常常会借助一些插件来完成。例如 VSCode 的插件 px2vw。

8.2.3.4　在媒体查询中使用 vw 或 vh 单位

在媒体查询中经常会使用 vw 或 vh，例如在网页中插入 banner 图，要求在不同尺寸的设备中，图片都必须居中显示。

案例学习：扫描右侧二维码，查看案例模拟 banner 图的居中显示。

8.2.3.5　图片自适应

图片自适应是指图片能随着包含容器的大小进行缩放，一般包含容器采用百分比、弹性盒等响应式布局方式实现，能适配不同的设备大小。对于图片自适应，为图片标签添加如下样式即可：

```
img  {
    display:  inline-block;
    max-width:  100%;
    height:  auto;}
```

代码说明：

- inline-block 元素相对于它周围的内容以内联形式呈现，但与内联不同的是，这种情况下可以设置宽度和高度。
- max-width 保证图片能够随着容器进行等宽扩充(即保证所有图片最大显示为其自身的 100%。此时，如果包含图片的元素比图片固有宽度小，图片会缩放占满最大可用空间)。
- height 为 auto 可以保证图片进行等比缩放而不至于失真。如果是背景图片，则要灵活运用 background-size 属性。

案例学习：扫描右侧二维码，查看案例图片自适应的操作过程。

8.2.4　响应式布局应用

利用前面学习的媒体查询、rem 单位，使得设备尺寸发生改变时，元素的大小可以进行适配，页面中对应的模块大小、字体、图片、交换按钮的大小可以随着发生一定的比例缩放。在响应式布局应用中，我们可以结合百分比单位，使得浏览器中的元素宽度和高度随着浏览器的高宽变化而变化，从而实现响应式的效果。而对于某些特殊应用，无法获取页面或元素的宽度时，也可以灵活使用 vw 或 vh 这种视口单位来设计更为个性化的响应式效果。因此响应式布局的实现可以通过媒体查询+px，媒体查询+百分比，媒体查询+rem，媒体查询+rem+vw/vh 等方式来实现。每种方式都有各自的优缺点，我们需要根据实际项目情况，选择一种或混合多种形式来完成。

下面使用媒体查询+rem+vw/vh 的方式来制作一个响应式导航菜单。

案例需求：

- 屏幕尺寸大于等于 980px 时，背景为红色，导航条的高度采用相对单位，随着设备的尺寸变小而降低，导航菜单为横向，显示菜单项共 9 项，字体大小为 16px，页面运行效果如图 8.43 所示。

图 8.43　响应式导航菜单示例大屏幕尺寸示意图

- 当屏幕尺寸大于等于 640px、小于 980px 时，导航菜单为横向，背景为红色，显示的菜单项共 6 项，字体大小为 14px，页面运行效果如图 8.44 所示。

图 8.44 响应式导航菜单示例中屏幕尺寸示意图

- 当屏幕尺寸大于等于 480px，且小于 640px 时，导航菜单为横向，颜色为红色，显示的菜单项共 3 项，文字大小 12px，页面运行效果如图 8.45 所示。

图 8.45 响应式导航菜单示例小屏幕尺寸示意图

- 当屏幕尺寸小于 480px 时，导航菜单为纵向，颜色为红色，显示折叠按钮，鼠标指针悬浮到折叠按钮时显示垂直菜单项共 9 项，文字大小 12px，页面运行效果如图 8.46 所示。

图 8.46 响应式导航菜单示例小屏幕尺寸折叠菜单示意图

案例学习：扫描右侧二维码，查看案例的操作文档。

8.3 多列布局

多列布局是 CSS3 新增的一种布局方式，采用多列布局可以轻松制作类似报纸这样的布局，而且多列布局的自适应能力也非常好。当页面中需要展示大量文本信息时，如果每段的文本都很长，阅读起来容易出现读错行或串行读的问题。为了提高阅读的舒适性，CSS3 中引入了多列布局，它可以将文本内容分成多块并列显示，类似报纸、杂志等这样的排版，如图 8.47 所示。

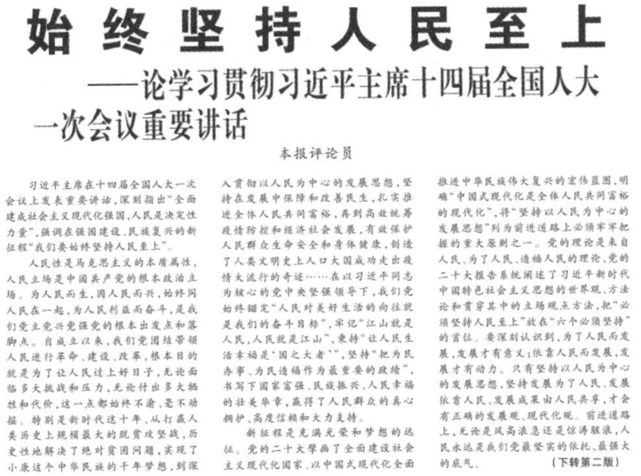
始终坚持人民至上

——论学习贯彻习近平主席十四届全国人大一次会议重要讲话

本报评论员

习近平主席在十四届全国人大一次会议上发表重要讲话，深刻指出"全面建成社会主义现代化强国，人民是决定性力量"，强调在强国建设、民族复兴的新征程"我们要始终坚持人民至上"。

人民性是马克思主义的本质属性，人民立场是中国共产党的根本政治立场。为人民而生，因人民而兴，始终同人民在一起，为人民利益而奋斗，是我们党立党兴党强党的根本出发点和落脚点。自成立以来，我们党团结带领人民进行革命、建设、改革，根本目的就是为了让人民过上好日子，无论面临多大挑战和压力，无论付出多大牺牲和代价，这一点都始终不渝、毫不动摇。特别是新时代这十年，从打赢人类历史上规模最大的脱贫攻坚战，历史性地解决了绝对贫困问题，实现了小康这个中华民族的千年梦想，到深入贯彻以人民为中心的发展思想，坚持在发展中保障和改善民生，扎实推进全体人民共同富裕，再到高效统筹疫情防控和经济社会发展，有效保护人民群众生命安全和身体健康，创造了人类文明史上人口大国成功走出疫情大流行的奇迹……在以习近平同志为核心的党中央坚强领导下，我们党始终锚定"人民对美好生活的向往就是我们的奋斗目标"，牢记"江山就是人民、人民就是江山"，秉持"让人民生活幸福是'国之大者'"，坚持"把为民办事、为民造福作为最重要的政绩"，书写下国家富强、民族振兴、人民幸福的壮美华章，赢得了人民群众的真心拥护、高度信赖和大力支持。

新征程是充满光荣和梦想的远征。党的二十大擘画了全面建设社会主义现代化国家、以中国式现代化全面推进中华民族伟大复兴的宏伟蓝图，明确"中国式现代化是全体人民共同富裕的现代化"，将"坚持以人民为中心的发展思想"列为前进道路上必须牢牢把握的重大原则之一。党的理论是来自人民、为了人民、造福人民的理论，党的二十大报告系统阐述了习近平新时代中国特色社会主义思想的世界观、方法论和贯穿其中的立场观点方法，把"必须坚持人民至上"放在"六个必须坚持"的首位。要深刻认识到，为了人民而发展，发展才有意义；依靠人民而发展，发展才有动力。只有坚持以人民为中心的发展思想，坚持发展为了人民、发展依靠人民、发展成果由人民共享，才会有正确的发展观、现代化观。前进道路上，无论是风高浪急还是惊涛骇浪，人民永远是我们党最坚实的依托、最强大的底气。

（下转第二版）

图 8.47　多列布局案例

8.3.1　多列布局相关属性

常用的多列布局相关属性如表 8.5 所示。

表 8.5　常用的多列布局相关属性

属性	说明	示例
column-count	定义多列布局的列数	column-count:3;
column-gap	定义列之间的间距	column-gap:30px;
column-rule-style	定义列之间的边框样式	column-rule-style:solid;
column-rule-width	定义列之间的边框宽度	column-rule-width:2px;
column-rule-color	定义列之间的边框颜色	column-rule-color:red;
column-rule	定义列之间的边框宽度、样式和颜色	column-rule:2px　solid　red;
column-span	定义元素跨越的列数	column-span:all;
column-width	指定列的宽度	column-width:100px;

8.3.1.1　column-count 属性

column-count 属性用来定义多列布局的列数，其语法如下：

```
column-count:number | auto;
```

属性值说明：

- number：整数数值，指将元素划分的指定列数，不允许为负值，由浏览器计算出每一列分配多少空间。
- auto：根据其他属性(如：默认值 column-width)来决定列数。

示例：使用 column-count 属性，页面效果如图 8.48 所示。

图 8.48 column-count 属性示例效果图

示例参考代码如图 8.49 所示。

```
8        <title>多列布局</title>
9        <style>
10           div.box{
11               column-count: 4;
12           }
13       </style>
14   </head>
15   <body>
16       <div class="box">
17           人民性是马克思主义的本质属性，人民立场是中国共产党的根本政治
             立场。为人民而生，因人民而兴，始终同人民在一起，为人民利益而
             奋斗，是我们党立党兴党强党的根本出发点和落脚点。自成立以来，
             我们党团结带领人民进行革命、建设、改革，根本目的就是为了让人
             民过上好日子，无论面临多大挑战和压力，无论付出多大牺牲和代
             价，这一点都始终不渝、毫不动摇。
18           </p>
19       </div>
20   </body>
```

图 8.49 column-count 属性示例参考代码图

8.3.1.2 column-gap 属性

column-gap 属性用来定义列之间的间距，其语法如下：

column-gap:length| normal;

属性值说明：

- length：用长度值来定义列与列之间的间距，单位可以是 px、em、rem、%，但不允许为负值。
- normal：默认长度值，与 font-size 大小相同。例如，该对象的 font-size 为 16px，则 normal 值为 16px。

示例：使用 column-gap 属性，运行效果如图 8.50 所示。

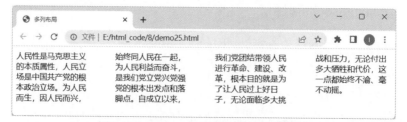

图 8.50 column-gap 属性示例运行效果图

示例参考代码如图 8.51 所示。

```
<style>
    div.box{
        column-count: 4;
        column-gap: 50px;
    }
</style>
```

图 8.51　column-gap 属性示例参考代码图

8.3.1.3　column-rule-style 属性

column-rule-style 属性用来定义列之间的边框样式，其语法如下：

column-rule-style:none | hidden | dotted | dashed | solid | double | groove | ridge | inset | outset;

属性值说明：

- none：无，没有轮廓。此属性下将忽略设置 column-rule-color、column-rule-width 的值。
- hidden：隐藏边框。
- 其他值：依次对应样式为：点状、虚线、实线、双线、3D 凹槽、3D 凸槽、3D 凹边、3D 凸边。此属性下只有边框线性样式，边框默认颜色为黑色。

示例：使用 column-rule-style 属性，运行效果如图 8.52 所示。

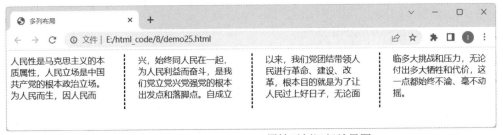

图 8.52　column-rule-style 属性示例运行效果图

示例参考代码如图 8.53 所示。

```
<style>
    div.box{
        column-count: 4;
        column-gap: 50px;
        column-rule-style: dashed;
    }
</style>
```

图 8.53　column-rule-style 属性示例参考代码图

8.3.1.4　column-rule-width 属性

column-rule-width 属性用来定义列之间的边框宽度，其语法如下：

column-rule-width:length | thin | medium | thick;

属性值说明：

- length：长度值，可以为 px、rem、em，但不允许为负数。
- thin | medium | thick：分别代表较细、中等、较粗三种线宽。

- 若未设置 column-rule-style 属性，则该属性无效。

示例：使用 column-rule-width 属性，运行效果如图 8.54 所示。

图 8.54　column-rule-width 属性示例运行效果图

示例参考代码如图 8.55 所示。

```
<style>
    div.box{
        column-count: 4;
        column-gap: 50px;
        column-rule-style: dashed;
        column-rule-width:8px;
    }
</style>
```

图 8.55　column-rule-width 属性示例参考代码图

8.3.1.5　column-rule-color 属性

column-rule-color 属性用来定义列之间的边框颜色，其语法如下：

column-rule-color:color;

属性值说明：

- color：长度值，CSS 支持的所有颜色方法，可以是关键字、十六进制颜色值、RGB 颜色值等。
- 若未设置 column-rule-style 属性，则该属性无效。

示例：使用 column-rule-color 属性，运行效果如图 8.56 所示。

图 8.56　column-rule-color 属性示例运行效果图

示例参考代码如图 8.57 所示。

```
<style>
    div.box{
        column-count: 4;
        column-gap: 50px;
        column-rule-style: dashed;
        column-rule-color: ▇skyblue;
    }
</style>
```

图 8.57　column-rule-color 属性示例参考代码图

8.3.1.6　column-rule 属性

column-rule 属性用来定义列之间的边框宽度、样式、颜色，是一个复合属性。其语法如下：

column-rule:column-rule-width column-rule-style column-rule-color;

属性值说明：

- column-rule-width：边框宽度。
- column-rule-style：边框样式。
- column-rule-color：边框颜色。

这三个值的位置可以任意设置，但必须要设置 column-rule-style 值。若未设置 column-rule-style 属性，将忽略其他两个属性的值。

示例：使用 column-rule 属性，运行效果如图 8.58 所示。

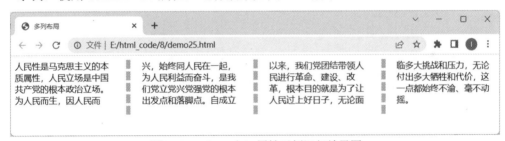

图 8.58　column-rule 属性示例运行效果图

示例参考代码如图 8.59 所示。

```
<style>
    div.box{
        column-count: 4;
        column-gap: 50px;
        column-rule: ▇skyblue  dashed 8px ;
    }
</style>
```

图 8.59　column-rule 属性示例参考代码图

8.3.1.7　column-span 属性

column-span 属性用来定义跨越的列数，值只包含 2 个关键字，其语法如下：

column-span：none | all;

属性值说明：

● none：不跨列，默认值。

● all：横跨所有列。

示例：使用 column-span 属性，运行效果如图 8.60 所示。

图 8.60　column-span 属性示例运行效果图

示例参考代码如图 8.61 所示。

```
8      <title>多列布局</title>
9      <style>
10         div.box{
11             column-count: 4;
12             column-gap: 50px;
13             column-rule:  skyblue  dashed 8px ;
14         }
15         div.box h1,div.box h4{
16             text-align: center;
17             column-span: all;
18         }
19     </style>
20  </head>
21  <body>
22      <div class="box">
23          <h1>始终坚持人民至上</h1>
24          <h4>—论学习贯彻习近平主席十四届全国人大一次会议重要讲话</h4>
25          人民性是马克思主义的本质属性，人民立场是中国共产党的根本政治立场。为人民而生，因人民而兴，始终同人民在一起，为人民
            利益而奋斗，是我们党立党兴党强党的根本出发点和落脚点。自成立以来，我们党团结带领人民进行革命、建设、改革，根本目的
            就是为了让人民过上好日子，无论面临多大挑战和压力，无论付出多大牺牲和代价，这一点都始终不渝、毫不动摇。
26          </p>
27      </div>
28  </body>
```

图 8.61　column-span 属性示例参考代码图

8.3.1.8　column-width 属性

column-width 属性用来定义列的宽度，其语法如下：

column-width:length| auto;

属性值说明：

● length：长度值，可以以 px、em 和 ch 为单位指定列的宽度，不允许为负数。

● auto：默认值，列宽由多列元素的其他属性值决定，例如 column-count。

● 该值不是一个绝对值，浏览器可能会根据其他属性的值来调整列的宽度，如 column-count。

小提示

　　浏览器将按照所指定的宽度尽可能多地创建列；任何剩余的空间会被现有的列平分。这意味着最终结果可能无法是原本指定的宽度。

　　示例：使用 column-width 属性，运行效果如图 8.62 所示。

图 8.62　column-width 属性示例运行效果图

　　示例参考代码如图 8.63 所示。

```
<style>
    div.box {
        column-count: 4;
        /* 设置列宽 */
        column-width: 200px;
        column-gap: 50px;
        column-rule: ■skyblue dashed 8px;
    }
</style>
</head>
<body>
    <div class="box">
        人民性是马克思主义的本质属性，人民立场是中国共产党的根本政治立场。为人民而生，因人民而兴，始终同人民在一起，为人民
        利益而奋斗，是我们党立党兴党强党的根本出发点和落脚点。自成立以来，我们党团结带领人民进行革命、建设、改革，根本目的
        就是为了让人民过上好日子，无论面临多大挑战和压力，无论付出多大牺牲和代价，这一点都始终不渝、毫不动摇。
        </p>
    </div>
</body>
```

图 8.63　column-width 属性示例参考代码图

8.3.2　多列布局应用

　　使用 CSS 中的多列属性模拟瀑布流的静态效果，可以将大小不一的图片完整显示在页面上，能实现多行等宽元素排列，元素等宽不等高，根据图片等比例缩放后依次排列，这种参差不齐的排列方式，能增加页面的美感，让用户可以有向下浏览的冲动。

下面的示例是使用多列布局相关属性模拟瀑布流页面静态效果，示例实现思路和代码可参考工作训练4的内容，如图8.64所示。

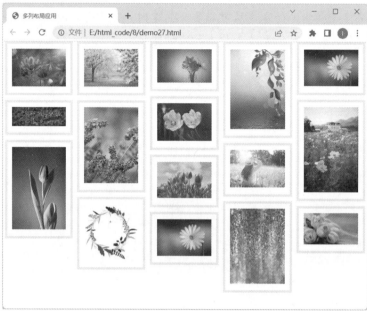

图8.64　多列布局示例效果图

📖 工作训练

工作训练1：设计"推荐目的地"版块

【任务需求】

根据项目原型图完成如下任务，设计"推荐目的地"版块，页面效果如图8.65所示。

图8.65　"推荐目的地"版块效果图

【任务要求】

- 使用弹性布局对该版块进行设计；
- 利用弹性相关属性对各个目的地进行排列。

【任务实施】

(1) 使用 div 标签对页面内容进行外部容器包裹，并设置其宽度为 700px，边框为 1px solid #e2e2e2；

(2) 采用 h1 标签设计标题，设置高和行高均为 80px；

(3) 利用弹性盒子对主体内容进行布局，设置弹性盒子相关属性，如 justify-content、flex-wrap 等；

(4) 设计每个弹性项样式，如水平居中、上下边距等样式；

(5) 在浏览器中查看运行效果。

实践操作：扫描右侧二维码，观看工作训练 1 的任务实施详细操作文档。

工作训练 2：设计博主推荐版块

【任务需求】

根据项目原型图设计博主推荐版块，页面效果如图 8.66 所示。

图 8.66　博主推荐版块效果图

【任务要求】

- 采用浮动布局+弹性布局对该版块进行设计；
- 设置字体图标、字体样式、文本样式等效果；
- 设置图片自适应、圆角边框等效果。

【任务实施】

(1) 使用 div 标签对页面内容进行外部容器包裹，并设置其宽度为 370px，边框为 1px solid #e2e2e2；

(2) 采用 h4 标签设计标题，设置高和行高均为 40px，并添加字体图标；

(3) 标题栏采用浮动布局，设置"更多推荐"超链接浮动到版块右侧；

(4) 主体内容采用 dl-dt-dd 标签进行布局设计，或者使用 div-img-p 标签进行图文混排设计；

(5) 主体中的作者信息栏目采用弹性布局设计，以便灵活控制元素的间距；

(6) 作者头像设置圆角边框效果；

(7) 在浏览器中查看运行效果。

实践操作：扫描下方二维码，观看工作训练 2 的任务实施详细操作文档。

工作训练 3：设计个人游记页面响应式布局

【任务需求】

根据项目原型图设计个人游记页面的响应式布局，在浏览器大屏幕下(小于等于 1200px，大于 768px)，各版块布局效果如图 8.67 所示。

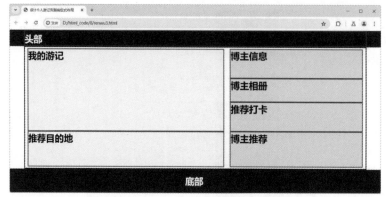

图 8.67　个人游记页面布局大屏幕下效果图

在浏览器小屏幕下(小于 768px，大于等于 480px)，各版块布局的效果如图 8.68 所示。

【任务要求】

● 使用弹性布局、百分比布局对该页面进行设计。

● 利用媒体查询控制主体左侧、右侧的最大宽度、宽度设置。

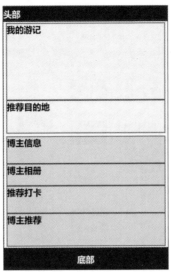

图 8.68　个人游记页面布局小屏幕下效果图

【任务实施】

(1) 使用 DIV+CSS 搭建页面结构；

(2) 设计头部，头部宽度为 100%，最大宽度为 1200px，最小宽度为 320px；

(3) 设计主体部分，主体宽度为 100%，最大宽度为 1200px，最小宽度为 320px；

(4) PC 端下，主体部分的左侧版块(包括"我的游记"和"推荐目的地"两个子版块)和右侧版块(包括"博主信息""博主相册""推荐打卡"和"博主推荐"四个子版块)各占 60%、40%；主体内各个子版块宽度为 100%；

(5) 设计底部宽度为 100%，最大宽度为 1200px，最小宽度为 320px；

(6) 为左、右两侧版块媒体查询代码，在小屏幕尺寸下设置其所占百分比为 100%；

(7) 在浏览器中查看运行效果。

实践操作：扫描下方二维码，观看工作训练 3 的任务实施详细操作文档。

工作训练 4：设计相册版块

【任务需求】

根据项目原型图完成如下任务，设计相册版块，页面效果如图 8.69 所示。

【任务要求】

● 采用多列布局对该版块进行设计。

● 设置字体图标、字体样式、文本样式等效果。

● 设置图片自适应、边框等效果。

图 8.69　相册版块效果图

【任务实施】

(1) 使用 div 标签对页面内容进行外部容器包裹，并设置其最大宽度为 600px，边框为 1px solid #e2e2e2；

(2) 采用 h4 标签设计标题，设置高和行高均为 40px，背景色#F5F5F5；并添加字体图标；

(3) 主体内容采用 div 标签进行多列布局设计，设置列数为 5，列间距为 0；

(4) 设置图片自适应效果；

(5) 在浏览器中查看运行效果。

实践操作：扫描右侧二维码，观看工作训练 4 的任务实施详细操作文档。

📖 拓展训练

拓展训练 1：设计搜索功能版块

【任务需求】

利用给定的素材，结合弹性盒子、粘性布局实现下载中心的搜索功能版块，页面效果如图 8.70 所示。

图 8.70　搜索功能版块效果图 1

浏览器的宽度改变时，页面效果如图 8.71 所示。

图 8.71　搜索功能版块效果图 2

【任务要求】

● 当屏幕尺寸变化时，左侧图标和右侧登录文字是固定宽度，中间的搜索框自适应宽度变化。

● 初始状态下，搜索框显示在导航菜单下方，如图 8.72 所示。

图 8.72　搜索功能版块初始效果图

● 当滚动屏幕时，该搜索框固定在浏览器窗口最顶部，如图 8.73 所示。

图 8.73　搜索功能版块滚动屏幕后的效果图

拓展训练 2：设计响应式头部导航

【任务需求】

利用给定的字体图标素材，设计响应式头部导航菜单，在大屏幕尺寸(大于 768px)下，页面效果如图 8.74 所示。

图

图 8.74　响应式头部导航大屏幕尺寸效果图

在小屏幕尺寸(小于等于 768px)下，页面效果如图 8.75 所示。

图 8.75　响应式头部导航小屏幕尺寸效果图

📖 功能插页

【预习任务】

如图 8.76 所示是网页中常见的行模块等分宫格排列方式，请使用弹性布局的相关属性来实现效果图。具体要求如下：

(1) 需设计版心，内容处于版心区域；

(2) 相邻各宫格之间的留白大小一致；

(3) 图片需自适应。

图 8.76　任务效果图

【问题记录】

请将学习过程中遇到的问题记录在下面。

【学习笔记】

【思维导图】

任务思维导图如图 8.77 所示，也可扫描右侧二维码查看高清思维导图。

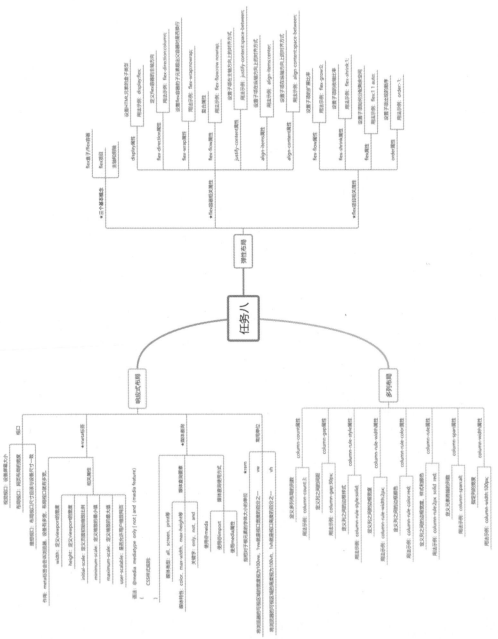

图 8.77　课程内容思维导图

附录 引用网站相关信息

在编写本教材的过程中，我们参考并引用了多个网站的效果图，这些资源为本书的丰富内容和实例提供了宝贵的参考和启示，在此深表感谢。以下是我们引用的部分网站及其对应的效果图。

引用网站	引用内容
淘宝官网	网站首页效果图、首页部分网页源代码截图、注册页面效果图、淘宝商品页面效果图
百度官网	官网首页效果图
央视官网	科技新闻版块中的新闻列表效果图
华为官网	帮助中心页面效果图、注册页面效果图、手机专区页面效果图、电脑专区页面效果图
小米商城	首页效果图、手机专区页面效果图
京东	官网首页效果图、移动端首页效果图
天涯论坛	帖子列表版块
新浪	邮箱注册页面效果图
锤子官网商城	商品展示列表页面效果图
中国工商银行	官网首页效果图
中国国际高新技术成果交易会	网站导航菜单效果图
中国志愿服务网站	网站导航菜单效果图
苏宁	苏宁移动端首页效果图
Apple(中国)官网	Apple(中国)官网首页导航效果图
模板之家	博客网站效果图